COQS ET POULES

GUIDE PRATIQUE

DE L'AVICULTEUR

PAR

Georges PUGH-DESROCHES

PARIS

LIBRAIRIE DES HALLES ET DE LA BOURSE DE COMMERCE

28, RUE JEAN-JACQUES-ROUSSEAU, 28

1889

COQS ET POULES

4698. — ABBEVILLE, TYP. ET STÉR. A. RETAUX. — 1888

BIBLIOTHÈQUE DE LA FRANCE AGRICOLE

COQS ET POULES

GUIDE PRATIQUE

DE L'AVICULTEUR

PAR

Georges PUGH-DESROCHES

PARIS

LIBRAIRIE DES HALLES ET DE LA BOURSE DE COMMERCE

33, RUE JEAN-JACQUES-ROUSSEAU, 33

AVANT-PROPOS

Nous avons lu beaucoup de volumes consacrés à la science de l'élevage des volailles. Tous sont intéressants, plusieurs ont un réel mérite ; mais nous n'avons pas rencontré jusqu'à présent le véritable manuel conseiller de l'éleveur praticien.

Nous ne savons si le petit livre que nous venons d'écrire remplira notre but.

Nous l'avons voulu utile au fermier comme à l'amateur. Sans parti pris ni pour ni contre tel ou tel système, nous avons cherché à réunir les conseils dont la pratique nous a démontré, à nous comme à beaucoup d'autres, la réelle valeur.

Si cet ouvrage peut rendre quelques services à l'aviculture, nos désirs seront entièrement satisfaits.

COQS ET POULES

PREMIÈRE PARTIE

CHAPITRE PREMIER

CONSIDÉRATIONS GÉNÉRALES SUR LA VOLAILLE

Il n'y a pas de mauvais métiers, dit le proverbe, mais seulement de mauvais ouvriers. L'élevage de la volaille qui, d'après les uns, est une source de revenus considérables, ne peut entraîner, d'après les autres, que des déceptions pécuniaires.

Nous ne reproduirons pas, en détail, les arguments qui sont énoncés de part et d'autre parce que notre préoccupation est non pas d'écrire de longues phrases, mais bien de mettre en lumière des faits précis. — Avec les volailles, on peut gagner de l'argent et en perdre. — Le tout est de savoir s'y prendre, de n'agir ni par système, ni par routine. — Celui qui s'obstine à ne pas suivre les vieilles méthodes sous prétexte de progrès et uniquement parce qu'elles sont vieilles, ne fait pas preuve de plus d'intelligence que celui qui pousse jusqu'à la routine la crainte des innovations.

Voici quelque chose de bon ; nos ancêtres le faisaient il y a longtemps déjà. Pourquoi ne pas l'imiter et chercher des changements inutiles, dangereux même par les dépenses qu'ils entraînent et le temps qu'ils font perdre ? Par contre, tel procédé vieilli n'a plus sa raison d'être ; il est en désaccord avec les progrès de l'instruction Devons-nous continuer à l'appliquer uniquement parce qu'on l'appliquait autrefois ? En aucune façon.

Le sage marche côte à côte avec le progrès. Galoper en avant, c'est fort beau, mais c'est parfois dangereux au point de vue des intérêts du porte-monnaie ; rester en arrière, c'est indigne d'hommes intelligents, de travailleurs bien avisés ; c'est laisser de côté des bénéfices bien légitimes qui passent à portée de notre main. — Entre ces deux manières d'agir, l'éleveur de volaille devra opter, dès le début, car, de la façon dont il composera son poulailler, s'il doit le créer, ou dont il le modifiera, s'il le trouve déjà peuplé, dépendent, sans contredit, ses succès ou son échec futurs.

La première question que l'on doit résoudre est celle du choix des races.

Nous possédons en France un nombre assez considérable de races de poules qui, toutes, ont des caractères distinctifs bien marqués. Il n'est nul besoin, pour tirer bon profit des volailles qu'on élève, de connaître par le menu, toutes leurs ramifications ; mais, du moins, il est utile et convenable de distinguer aisément les familles principales, d'autant plus qu'elles n'ont ni les mêmes prédispositions, ni les mêmes qualités, ni la même valeur commerciale.

Avant de nous étendre sur les caractères distinctifs de chacune de ces races, nous avons à parler de leur origine unique, de la poule commune, que l'on rencontre partout, qui rend des services considérables, et prend, à vrai dire, la plus grosse part dans la production générale de la viande de volaille et surtout des œufs. — D'où vient-elle ?

Les savants ne sont pas d'accord. — Elle aurait vécu à l'état sauvage, dans l'Inde, et les naturalistes, en raison de sa grande taille, lui auraient donné le nom de *Gallus giganteus*, poule gigantesque. — A ce compte, elle aurait depuis lors, singulièrement dégénéré. Mais il ne faut pas prendre au pied de la lettre ce qu'ont écrit les anciens qui, plus riches en imagination qu'en moyens de contrôle, ne se sont guère gênés pour avancer à la légère les théories scientifiques les plus surprenantes. Pour nous, nous ne serions nullement étonné que le *Gallus giganteus* soit tout simplement Maître Dindon. Et cela est d'autant plus probable que la qualification de *gigantesque* ne peut être donnée qu'après comparaison avec un animal analogue, mais plus petit, et que cet animal ne pouvait être autre que la poule. Quoi qu'il en soit, nous ne saurions passer sous silence les nombreuses qualités de cette race mère d'où découlent toutes nos races indigènes.

Voyons d'abord quels sont ses principaux caractères physiques. D'une manière générale, et par cela même qu'elle est universellement répandue, elle se modifie selon les régions et surtout selon le plus ou moins de richesse de son alimentation.

Lorsqu'elle trouve en abondance une nourriture convenable, elle se développe, elle *fait de la viande*, selon l'expression consacrée.

Lorsqu'on se montre parcimonieux à son égard, et qu'elle est obligée d'effectuer de longs parcours, de se livrer à une gymnastique fatigante pour pourvoir à ses besoins, elle prend naturellement un développement moins considérable, elle se rapproche de l'état sauvage et contracte des habitudes de vagabondage exagéré qui lui plaisent certes, mais qui offrent de nombreux inconvénients.

Dans le premier cas, elle a le cou large, la poitrine assez développée; la hauteur des pattes est restreinte, ou plutôt semble restreinte à cause des vastes dimensions de l'estomac ou du ventre. Toute sa personne possède un air de santé et de vigueur du meilleur augure pour le consommateur.

Lorsqu'elle se trouve, au contraire, dans de médiocres conditions hygiéniques, ses proportions deviennent beaucoup plus réduites. Le corps s'amincit, la taille diminue et la poitrine, notamment, se retrécit beaucoup. L'étroitesse de la poitrine constitue même un des principaux griefs que possèdent contre elle les amateurs de grosses volailles ; mais c'est un défaut relatif en ce sens qu'il est possible de le modifier, de le faire disparaître soit totalement, soit dans une large mesure. La poule commune, en résumé, se conforme avec une très grande souplesse aux conditions de milieu et de culture qui lui sont imposées, ce qui n'est pas un de ses moindres mérites, puisqu'elle peut ainsi subsister partout et, alors même que ses produits sont peu abondants, constituer une bonne source de revenu, puisqu'elle donne, en définitive, dans la proportion de ce qu'elle reçoit.

Nous verrons plus loin, en nous occupant des autres races, et surtout des races étrangères, qu'il n'en est pas toujours ainsi et que nombre de variétés, infiniment plus curieuses, plus prétentieuses et plus délicates, sont condamnées à une dégénérescence absolue aussitôt qu'elles cessent d'être maintenues au plus haut point de leur perfection.

La poule commune présente donc, à ce point de vue, un avantage très marqué.

Quels que soient les caractères spéciaux qu'elle emprunte au milieu dans lequel elle vit, à l'alimentation qui lui est accordée, on la reconnaît toujours aux caractères généraux suivants.

Les ailes sont d'une grande dimension et fortement garnies de plumes. Sans avoir les proportions de celles des oiseaux aptes au vol, elles sont néanmoins assez puissantes pour permettre à la poule de franchir des barrières, des treillages d'une certaine hauteur.

La queue que ces ailes viennent rejoindre est elle-même bien emplumée et se relève toute droite, presque verticale.

Le compagnon de la poule commune est un fort majestueux et fort beau personnage.

De tous les coqs, c'est assurément le coq de ferme dont le plumage est le plus chatoyant et qui exerce ses fonctions d'époux et de protecteur de la façon la plus satisfaisante. Il est d'un caractère fougueux, absolu et impérieux dans la haine comme dans l'amour. Ce coq commun possède au plus haut degré toutes les qualités de son espèce. Il ne s'occupe pas des menus soins, des détails du ménage et consacre à sa toilette une grande partie de son temps. Mais rien n'autorise cependant à le considérer comme un paresseux. Il a les soucis qui lui incombent. C'est le chef et le gardien ; il est responsable du bon ordre du poulailler et, tant qu'on ne lui donne pas de rivaux, il maintient la paix parmi son troupeau d'épouses.

Nous verrons plus tard quels motifs doivent déterminer dans le choix des races ceux qui ne font de leurs poules ni des animaux d'ornement ni de simples curiosités. Mais, tout en nous réservant de revenir dans cette partie de notre étude sur les qualités fondamentale de la poule commune, nous devons combattre dès maintenant, un certain nombre de reproches qui lui sont adressés. — L'obligation dans laquelle elle se trouve de se procurer elle-même la plus grande partie de sa nourriture, la pousse à gratter le sol avec une ardeur assurément préjudiciable aux plates-bandes et aux cultures. Il est certain que, lâchées dans un jardin, dans un verger, quelques poules, commères ardentes et affamées autant que bavardes, ce qui n'est pas peu dire, ont rapidement causé plus de dégâts que n'en ferait un bœuf ou tout autre animal de grande taille.

Mais ce défaut provient, en grande partie, des habitudes qu'on leur donne et qui viennent augmenter de beaucoup la force de celles qu'elles tiennent de la nature. Lorsqu'on les nourrit avec une parcimonie excessive, la faim vient réveiller et aiguillonner leur goût de vagabondage et même, disons le mot, de piraterie.

Si tout le monde avait un bon dîner personne ne volerait de pain. Si nos poules communes trouvaient chez elles une pitance suffisante, nul doute qu'elles auraient moins d'ardeur à s'élancer aux provisions.

Toutefois la peur d'un mal ferait tomber dans un pire, si l'on concluait de ce qui précède à la nécessité de priver la poule commune des agréments d'un parcours étendu, du plaisir qu'elle éprouve de faire la chasse aux vers, aux insectes, aux débris qu'elle consomme avec une indubitable satisfaction.

L'excès en tout est un défaut. Il dépendra donc en quelque sorte de l'éducateur de développer chez ses poules le goût et la nécessité du vagabondage ou l'amour du logis. On reproche également à notre poule de ferme d'être encline à cacher ses œufs, et d'avoir peu de dispositions pour l'incubation.

Ce sont là reproches gratuits qu'assurément elle ne mérite guère et qui d'ailleurs visent des faits sur lesquels, la volonté de l'éducateur peut exercer une action très directe. Il est certain que la poule entraînée à des distances assez considérables d'un logis peu confortable peut ne pas éprouver l'invincible besoin d'y revenir pour se débarrasser de ses œufs et que ses instincts d'indépendance, de sauvagerie, la poussent parfois à préférer un nid qu'elle arrange elle-même avec intelligence et avec soin dans quelque haie, à un panier sale, de forme sonvent incommode et installé dans des conditions qui n'offrent à la pondeuse, à la couveuse surtout, aucune garantie de sécurité ni de tranquillité.

Assurément si la poule de ferme n'était pas bonne couveuse, elle ne serait pas à un degré aussi élevé que celui qu'elle atteint, le modèle des mères et surtout des nourrices. Elle n'a donc à se reprocher aucun des défauts qu'on lui prête avec une générosité un peu excessive et il est assurément faux de dire, en cette circonstance, qu'on ne prête qu'aux riches.

Examinons maintenant les diverses races confirmées françaises et étrangères.

CHAPITRE II

DES RACES

RACES FRANÇAISES. — POULES DE CRÈVECŒUR

La race de Crèvecœur est en quelque sorte le perfection-
ment direct de la poule commune. Elle occupe en France
un territoire assez étendu et forme la majorité de la population galline dans la Normandie ainsi qu'en Picardie.
On hésite à attribuer à l'une ou à l'autre de ces deux pro-
vinces l'origine de cette race. A la vérité peu nous importe
d'où elle peut provenir ; ce que nous devons enregistrer
c'est que nous sommes là en présence d'une race excellente et qui rend les plus grands services.

Les caractères généraux qui distinguent les coqs et les
poules de Crèvecœur sont les suivants. Le corps est d'un
volume développé, solidement établi sur les pattes et
présentant toutes les apparences de la force. — Les pattes
sont généralement courtes terminant des cuisses charnues.
Sur toute la superficie du corps, la chair, facilement char-
gée de graisse s'étend en bandes d'autant plus épaisses
que le squelette reste léger ; disons d'ailleurs que la légè-
reté du squelette est un des indices les plus favorables
chez les animaux que l'on destine à être des producteurs
de viande.

La poule de Crèvecœur diffère de la poule commune
par les habitudes et le caractère, de même qu'elle en diffère physiquement et les dissemblances qu'on remarque

entre elles au point de vue des mœurs et des habitudes
paraissent, d'ailleurs, la conséquence directe des dissemblances matérielles.

La poule de Crèvecœur, plus lourde, ne possède que des
facultés locomotrices inférieures aussi bien au point de
vue de la marche qu'à celui du vol.

Elle n'est pas aussi redoutable pour les jardins et plantations que l'est la poule commune parce qu'elle n'est
pas animée du même désir de vagabondage et que, d'autre
part, elle ne gratte pas la terre sans interruption.

Mais, par contre, elle a beaucoup moins que la poule commune la faculté de trouver elle-même partie de sa nourriture.

Pourvoit-on abondamment à ses besoins, elle emploie
fort bien la nourriture qu'on lui donne, elle la transforme
en viande dans des conditions généralement avantageuses.
Mais si on la néglige, s'il est difficile de lui procurer, à des
prix abordables, une abondante nourriture, elle ne prend
qu'un développement insuffisant, et réserve à l'éleveur
des déceptions sensibles.

En effet, fabriquer de la viande constitue son principal
mérite.

Sa ponte donne des œufs parfois très gros, car on en
voit assez fréquemment dont le poids atteint 85 et même
90 grammes ; mais le nombre de ces œufs n'est pas considérable. Au point de vue de la quantité c'est une pondeuse
moyenne ; comme couveuse, elle est peu estimée.

Son poids, le développement de ses membres inférieurs
sont-ils cause du bris des œufs qui se produit de temps à
autre ; aurait-elle, comme on l'a prétendu, la malice de
les briser volontairement pour mettre fin au travail d'incubation ? Quelle que soit la cause à incriminer, l'effet
est certain. On évite en général de faire couver la Crèvecœur.

De la race de Crèvecœur dépendent différentes variétés

ou sous-races, dont les principales sont les poules du Merlerault et de Caumont. On rattache aussi parfois à la race de Crévecœur la race de Houdan, mais ce nous paraît être une classification absolument fantaisiste. A moins de déclarer, en effet, que tous les gallinacés appartiennent à une seule et même race, nous ne voyons aucun motif sérieux pour réunir la poule de Houdan à la poule de Crèvecœur. Si elles possèdent, il est vrai, des aptitudes analogues, elles n'ont aucune ressemblance extérieure et c'est surtout par les signes de cette nature qu'il est possible d'établir utilement des catégories.

RACE DE HOUDAN

La race de Houdan se distingue notamment par la couleur de son plumage qui est mélangé de plumes blanches et de plumes noires alternant d'une façon presque régulière sur toute la surface du corps. Chez le coq, la forme de la crête qui s'aplatit ainsi qu'un front, et chez la poule la huppe qui donne à la tête l'apparence d'une boule de plumes, sont les signes distinctifs les plus apparent de la race de Houdan, car elle est seule à les posséder.

Les volailles de Houdan sont un peu plus volumineuses que les Crèvecœurs, mais, abstraction faite des différences que nous venons de signaler, les deux types se rapprochent considérablement aussi bien par leurs qualités que par leurs défauts.

Les Houdans ont, comme les Crèvecœurs, une aptitude toute spéciale pour le développement de la viande. Les volailles fines qui se recommandent plutôt par la blancheur, par la délicatesse de la chair que par des dimensions considérables, proviennent en très grand nombre de la race de Houdan.

Infiniment plus calme que le coq de Ferme, le coq de

Houdan l'est moins cependant que son confrère de Crèvecœur ; il y a aussi un peu plus de gaité, de vivacité dans
les allures de la poule. Mais à ces légères différences près,
le caractère est le même. Relativement paresseuse, la poule
de Houdan n'aime pas les trop longues courses ; c'est une
grande dame qui préfère se mettre tranquillement à table
sans avoir le souci d'aller aux provisions et de faire la
cuisine. Elle cherche peu sa nourriture et par conséquent
doit être nourrie en très grande partie. Ce n'est donc pas
une quantité modeste d'aliments qu'on doit mettre à sa
portée et il faut, de ce chef, compter sur une assez forte
dépense. Le succès de l'élevage vient, il est vrai, apporter
des dédommagements très appréciables mais il faut calculer de près avec les ressources alimentaires que l'on
possède pour l'établissement des rations.

Au point de vue de la ponte, les avis sont partagés ;
ceux-ci attribuent à la race de Houdan une grande fécondité ; ceux-là sont beaucoup moins affirmatifs en sa fa-
veur et la considèrent comme une médiocre pondeuse.
Les deux partis ont à citer de bons arguments et de
bons exemples, d'autant plus que dans cette race la faculté de pondre est très personnelle. Telles poules sont
excellentes pondeuses, telles autres ne dépassent pas
un médiocre produit. Quoiqu'il en soit, la Houdan ne
peut figurer au nombre des mauvaises pondeuses, ses
œufs sont de bonne taille et les poulettes se montrent généralement précoces.

On prétend que la poule de Houdan jouit d'une grande
rusticité. Nous ferons quelques réserves à cet égard.
Elle peut, il est vrai, s'acclimater assez aisément dans
les différentes régions, se plier aux différents climats,
supporter même une variation assez grande dans le
choix des aliments. Mais par contre, elle est assez su-
jette aux maladies épidémiques et le moment où la mortalité commence dans un poulailler n'est quelque fois pas

voisin de celui où elle finit. Il y a là de très sérieuses considérations qui nous arrêteront aux chapitres des maladies et de l'hygiène, d'autant plus qu'elles concernent d'une façon toute spéciale les jeunes sujets.

La poule de Houdan n'éprouve pas avec ardeur le besoin de couver et ne s'acquitte de ces importantes fonctions que d'une façon assez médiocre. Il y a lieu presque toujours de recourir à des couveuses auxiliaires et cela est si vrai que l'incubation artificielle en France a commencé à se développer dans la région de Houdan en raison de l'insuffisance des poules de la race pour subvenir aux besoins d'une production importante.

RACE DE LA FLÈCHE

Nous voici en présence d'une catégorie de volailles dont l'illustration remonte à des temps relativement très reculés.

La première remarque que l'on fait dès que l'on examine une volaille de La Flèche, porte sur l'élévation de la taille. La poule de La Flèche dépasse toujours d'une dizaine de centimètres les poules de Houdan de taille moyenne ; souvent même cette différence est plus accentuée et atteint jusqu'à 15 centimètres. C'est particulièrement à la longueur de la jambe que les fléchoises doivent cette taille élevée, car le corps, quoiqu'un peu plus élancé que celui des Houdan, n'est pas sensiblement plus volumineux. Il est juste d'ajouter que les volailles de La Flèche qui ont la tête très dégagée, la crête petite, la huppe nulle chez la poule et rudimentaire chez le coq, se tiennent très droites, s'il est permis de s'exprimer ainsi, tandis que les poules de Houdan, dont la vue est obstruée par les plumes de la coiffure, portent généralement la tête un peu penchée vers la terre ce qui diminue encore leur taille apparente.

Le coq de La Flèche a la crête disposée d'une manière toute spéciale. Elle se divise en deux parties pointues, exactement comparables à des cornes et qui donnent à l'animal une apparence quelque peu diabolique. La queue du coq fléchois est portée haut, comme sa tête ; elle est formée d'un paquet de plumes extrêmement fourni qu'accompagnent et surmontent quelques faucilles d'une grande élégance.

La race fléchoise jouit, comme la race de Houdan, d'une réputation de rusticité, mais à plus juste titre, croyons-nous ; elle échappe à peu près aux maladies.

La poule est bonne pondeuse. Cependant sa grande propension à prendre la graisse, servie par un appétit des plus actifs, a souvent l'inconvénient de rendre la ponte moins féconde. Il est donc nécessaire de modérer l'alimenmentation aussi longtemps qu'on désire maintenir la ponte dans toute son activité.

Bien qu'elle occupe comme pondeuse un rang assez élevé, la fléchoise est une déplorable couveuse ; il est presque impossible, dans une exploitation quelque peu étendue, de lui confier le soin de mener à bien l'incubation de ses œufs. Ajoutons que comme toutes les races à viande, la race de La Flèche est peu encline à une circulation active et que toute négligence de l'éleveur sur le chapitre de la nourriture entraine des mécomptes souvent graves. Il faut une juste proportion ; du ménagement tant que l'on veut maintenir l'équilibre entre toutes les fonctions ; de l'abondance dès qu'il s'agit de procéder à l'engraissement qui s'accomplit, d'ailleurs, en une courte période.

RACE DE LA BRESSE ET DE BARBEZIEUX

Ces deux races que plusieurs écrivains ont cataloguées à tort, croyons-nous, parmi les variétés, ont entre elles des points de ressemblance assez accentuée. La bressoise qui, sous le nom de poularde de Bresse, occupe une place très distinguée parmi les volailles fines, est plus petite que la poule de Barbezieux, dont les jambes longues et fortes se rapprochent assez de celles de la fléchoise ; mais toutes deux représentent à peu près la même quantité en chair et aussi la même qualité ; elles sont toutes deux pondeuses médiocres et couveuses assez peu ardentes.

Nous avons examiné les principales catégories de poules françaises. Avant de nous occuper des races étrangères, il est une réflexion que nous ne pouvons passer sous silence dès maintenant, tout en nous réservant d'insister plus tard sur son intérêt.

La voici. Chez toutes ces races, nous avons dû, sauf chez la poule commune, signaler le peu de disposition pour l'incubation, et le degré souvent restreint de fécondité. Poules de Crèvecœur, poules de Houdan, de La Flèche, paraissent avoir surtout les qualités acquises, celles que donnent l'éducation, l'hygiène, l'alimentation, celles en un mot que le travail de l'homme, la sélection, peuvent sinon créer, du moins développer et fixer dans une race. Mais parmi les qualités originelles qui sont le cachet des races mères, la plus importante de toutes, l'aptitude aux fonctions de la maternité, leur fait défaut dans une proportion plus ou moins accentuée, notable toujours. Chez la poule commune, au contraire, c'est la faculté génératrice, la propension à la maternité qui domine toutes les autres qualités ; pondre et couver, élever sa famille et en recommencer une nouvelle, notre brave poule de ferme brille absolument sur tous ces points. On retrouve chez elle cependant, à l'état plus ou moins développé, les qualités des autres races, aptitude à l'engraissement, bon goût, délicatesse de chair de telle façon qu'elle apparaît clairement comme la véritable souche mère de la grande famille des gallinacées en France. Cette observation nous paraît dign de remarque car elle constitue pour l'éleveur un précieux enseignement et peut le guider, comme un sûr conseiller, dans le chemin toujours un peu dangereux des expérimentations.

RACES ÉTRANGÈRES

« A beau mentir qui vient de loin. — Tout nouveau tout beau.» «Nul n'est prophète en son pays». Ainsi parle la sagesse des nations exprimant sous des formes variées une idée identique à savoir que les choses étrangères séduisent souvent à première vue par cela seul qu'elles sont étrangères et avant que la réflexion, la comparaison, l'expérimentation n'aient éclairé le jugement sur leurs réels mérites.

Pour nous, nous avons une manière de voir diamétralement opposée à cet engouement peu réfléchi.

Ce qui nous plaît à première vue, ce sont les choses animées ou non, qui jouissent de l'origine française. Ce que nous aimons à proclamer bon et bien, c'est avant tout ce qui se fait dans notre pays. Cela ne nous empêche pas assurément d'observer ce qui se passe à l'étranger ; de profiter d'un perfectionnement, de conseiller l'usage d'un procédé plus expéditif, plus économique, qu'il s'agisse d'élevage, d'agriculture ou d'industrie.

Mais c'est là le second mouvement, celui qu'amène la réflexion.

En matière de volailles nous aimons, de prime abord, les cocottes de chez nous.

Qu'on nous prouve qu'elles sont inférieures aux autres et nous serons les premiers à prêcher l'importation des races mieux douées.

Mais la preuve n'est pas faite, loin de là ; beaucoup l'ont tentée qui ne l'ont pas effectuée, et pourtant avaient un grand intérêt marchand à la réussite de leur démonstratoin.

C'est ce que va nous prouver, très clairement croyons-nous, l'examen des principales races étrangères qui ont été soumises au choix de nos éleveurs.

RACE DE BREDA

A proprement parler la race de Breda est étrangère. Mais elle fait justement partie de ces importations heureuses dont nous reconnaissons l'opportunité.

C'est à la Hollande que nous la devons. Elle a acquis chez nous ses droits de grande naturalisation et s'est complètement acclimatée.

Très bonne acquisition d'ailleurs. Comme aspect général la poule de Breda participe du Crèvecœur et de la Fléchoise. Elle a la couleur de ces deux races, le noir.

Le coq se rapproche plutôt du coq de La Flèche par la conformation de sa tête, sauf la crète, et de ses barbillons, par la disposition de sa queue surtout, composée de grandes faucilles qui surmontent et cachent en partie les plumes du croupion, nombreuses et fortes. La poule, en raison de sa forme cubique, a plus de ressemblance avec la Crèvecœur : coqs et poules d'ailleurs sont peu élevés sur pattes et présentent, pour le ventre, le bassin, la poitrine et les membres inférieurs des dispositions analogues à celles de la poule de Crèvecœur, sauf que chez le coq de Breda les ergots sont moins forts et les cuisses garnies de quelques plumes.

La disposition de la crète, disions-nous, est toute spéciale.

En effet, cette crète est noire au lieu d'être rouge et loin de faire saillie sur la tête, elle se trouve logée dans une cavité au-dessus des bords de laquelle elle ne s'élève que d'une manière insensible.

La poule de Breda est bien en chair, d'un volume et d'un poids satisfaisants puisqu'elle ne le cède en rien à cet égard à la race de Houdan ; elle se fait de plus remarquer par une fécondité très accentuée.

Très apte à prendre la graisse elle a moins de propension pour l'incubation, sans cependant devoir être classée parmi les espèces qui ne couvent guère. Elle remplit assez strictement son devoir, sans enthousiasme et sans aller au delà.

C'est déjà beaucoup ; sans parler des poules, il y a tant de gens qui n'en font pas autant.

Ce n'est pas une volaille de grand parcours. Elle est donc facile à contenir dans des espaces restreints, et son élevage réussit généralement à la condition qu'on lui donne une nourriture abondante, exigence qui, d'ailleurs, lui est commune avec toutes les races de boucherie.

RACE DE DORKING

Voici la race étrangère par excellence.... Ce qui ne veut pas dire que nous la jugeons excellente. Elle est sans contredit la meilleure des races anglaises... ce qui n'est pas un motif pour qu'elle soit supérieure aux nôtres.

Et cependant, si jamais enthousiasme irréfléchi a accueilli l'importation d'un type nouveau, c'est assurément celui qu'a fait éclater l'apparition du Dorking.

Il ne fallait plus parler de nos races à chair françaises. Absolument comme le Durham dont les qualités ne nuisent nullement à celle de nos bonnes familles bovines mais qui devait, au dire de ses admirateurs, reléguer tous ses aînés aux dernières places, le Dorking de son côté n'avait qu'à paraître pour vaincre.

Or, il a paru et il n'a pas vaincu.

On peut lui rendre justice, le placer à côté de ses collègues français, mais au dessus, non.

Au point de vue du coup-d'œil c'est une belle volaille dont la corpulence atteint celle du Crèvecœur bien que les formes offrent des différences assez accentuées.

Le coq de Dorking est un brillant animal. Sa crête très volumineuse, de couleur vive, atteint une grande hauteur ; elle descend sur le bec dont la pointe ne la dépasse que légèrement, et elle se prolonge longuement en arrière de la tête, comme une façon de panache ; elle est profondément dentelée.

La queue est courte et ramassée, mais ornée de faucilles élégantes ; les plumes du cou et des ailes extrêmement souples et flexibles ondulent gracieusement à tous les mouvements de l'animal. Les barbillons très volumineux, descendent environ jusqu'au milieu de la poitrine.

La poule est d'une mise très simple ; c'est une bonne ménagère qui pond bien et possède, — soyons juste, — sur plusieurs de nos volailles d'engraissement françaises, le précieux avantage de couver volontiers et de s'occuper consciencieusemeet de ses enfants.

Voici pour l'endroit de la médaille. Maintenant voyons l'envers.

Il faut au Dorking, non seulement une nourriture, mais encore une cuisine réellement spéciale. Ce sont des patées qui lui conviennent et cuites à point, soigneusement conditionnées.

Sans cela pas de graisse ; partant pas de profits pour l'éleveur. On constate au contraire une dégénérescence qui arrive assez rapidement à diminuer puis à annuler les qualités de la race.

Le Dorking, a besoin, indépendamment des soins pour sa nourriture, de soins d'hygiène très grands. Il est plutôt grand seigneur que rustique et sa santé exige des attentions délicates. Il craint le froid et l'humidité, ce qui peut paraître singulier chez un animal originaire du pays du brouillard. Mais les éleveurs anglais, qui font de cette volaille un commerce considérable, lui constituent une existence exempte de tous risques et la mettent à l'abri des intempéries.

Au moral la poule possède une grande qualité, la douceur ce qui coïncide d'ailleurs avec ses aptitudes de couveuse.

Mais, cette douceur, qualité pour la femelle, n'en est pas une à beaucoup près au même degré chez le mâle.

Hélas oui, Mylord Dorking paraît-il, serait. .. capon.

Être batailleur, voilà un défaut, mais fuir la bataille c'en est un beaucoup plus grave. Aussi, est-il presque impossible de mélanger les volailles de Dorking avec les autres.

Le coq de ferme notamment, ce fameux coq gaulois, a rapidement fait de régler le compte de cet étranger, d'accaparer les poules et de les mettre à l'écart d'une façon que nous ne saurions approuver parce qu'elle est incivile. D'autre part, nos poules font mauvais accueil à leurs rivales et l'éleveur peut être certain de payer les frais de la guerre.

RACE COCHINCHINOISE OU DE NANKIN

La race Cochinchinoise, d'importation relativement récente est cependant, dès maintenant, très connue, nous pourrions dire trop connue.

En effet, les promesses mirobolantes que firent ses introducteurs ont exercé une action si vive sur l'imagination des éleveurs et même des fermiers ordinaires que le nombre des volailles cochinchinoises s'est développé avec une rapidité remarquable.

Les volailles cochinoises étaient les plus grosses, les plus fécondes, les meilleures couveuses, il fallait remplacer partout la race commune par cette famille supérieure destinée à faire la richesse des poulaillers. Ce mouvement a été si prononcé et les conséquences qui l'ont suivi tellement dignes de remarque que nous ne pouvons résister au désir de reproduire ce qu'à écrit à cet égard, un des écrivains les plus autorisés, M. Jacques. — Nous citons :

« Les espérances de ceux qui avaient recommandé l'essai et l'usage de ces poules se changèrent en déceptions. Au lieu de voir se répandre de beaux animaux qu'on aurait réservés pour des tentatives de croisements, l'on vit bientôt s'introduire partout une multitude de sujets devenus de plus en plus défectueux par une suite de causes naturelles, telles que nourriture insuffisante, promiscuité continue, logement infect, parcours trop restreint et croisements avec des espèces mauvaises mais analogues....

« Aujourd'hui cette belle rage est tombée et voici le résultat bien médiocre auquel on est arrivé : Des milliers de volailles détestables, fabriquées sans bonne foi, conseillées par l'intérêt ou l'ignorance, acceptées et employées sans discernement se sont répandues dans toute la France.

« Il est bien difficile de traverser les plus petits villages des départements les plus reculés sans rencontrer les traces de cette malencontreuse transformation. »

Voyons quels sont les caractères principaux de la race cochinchinoise.

Ces volailles sont d'une taille très élevée, mais ce développement, au point de vue pratiquement utile est plus apparent que réel. La hauteur des jambes est très grande, le corps au lieu de se développer dans un plan horizontal est placé en oblique sur les pattes ; les plumes sont nombreuses et touffues ; le cou est gros, toutes dispositions de nature a tromper assez facilement sur le volume véritable. En effet, si l'on compare, au point de vue de la circonférence du corps, les Cochinchinoises avec les

Houdans et les Fléchoises, on constate les chiffres suivants :

Tour du corps pris du milieu, les ailes fermées, les cuisses eu arrière. — Chez le Houdan 50 centimètres ; chez le Fléchois 57 et chez le Cochinchinois 45 seulement. Ces résultats sont naturellement établis d'après des moyennes soigneusements vérifiées. Il en résulte donc que non seulement le Cochinchinois n'est pas plus volumineux dans les parties utiles que nos fortes races françaises, mais encore qu'il n'atteint pas un dévelorpement aussi avantageux.

Le poids du coq et de la poule à l'âge adulte est élevé il est vrai. Le premier pèse souvent cinq kilos ; la seconde trois, mais leur squelette est volumineux et, déduction faite des os, le poids de la chair ne présente aucune importance spéciale.

Nous avons dit que les poules Cochinchinoises passaient pour très fécondes ; elles le sont en effet, bien qu'il faille considérablement en rabattre dans la pratique, des quantités d'œufs annoncées par leurs chauds partisans. Ce ne sont pas trois cents œufs à l'année qu'elles produisent, sauf exceptions que pour notre part nous n'avons pas été à même de constater. Cent soixante œufs par an environ, plutôt un peu plus que moins, tel est le produit très honorable et même très élevé que l'on peut attendre d'une bonne pondeuse de cette race. Ces œufs ne sont pas très gros, mais peut-être paraissent-ils tels en raison de la grosseur apparente de la poule qui les produit ? Voyant une si grosse mère, on s'attend à un plus gros enfant.

Quoiqu'il en soit de cette question de grosseur une grande qualité des poules cochinchinoises, comme pondeuses, est que la ponte n'a pas de saison. Ce qui en divise les époques c'est seulement les intervalles correspondant au désir de couver. Par conséquent la cochinhinoise donne des œufs aussi bien en hiver qu'en été et ces œufs peuvent atteindre un prix très rémunérateur, arrivant sur les marchés au moment où l'on n'a guère que les œufs conservés.

C'est un mérite assurément.

Une autre qualité très appréciable des poules cochinchinoises est leur grande ardeur pour l'incubation. Pondant en toutes saisons et étant, en toutes saisons, animées du désir de couver, elle peuvent par conséquent donner des poulets précoces, prêts à être consommés au moment choisi par l'éleveur comme étant le plus favorable pour la vente.

Coqs et poules ont un caractère tranquille sans aller, toutefois jusqu'à la timidité exagérée des Dorking. N'attaquant pas, les cochinchinoises ne se laissent pas molester. On peut donc sans inconvénients les mélanger à d'autres volailles sauf la question du croisement qui fera l'objet d'un chapitre spécial.

CHAPITRE III

DU CHOIX D'UNE RACE

Les considérations que nous venons d'exposer relativement aux principales races de volailles nous conduisent à établir les principes auxquels il convient de se conformer pour faire choix d'une race.

Il faut avant tout se rendre un compte exact du but que l'on poursuit.

Ce but, c'est gagner de l'argent.

Nous l'entendons bien ainsi. — Mais encore faut-il savoir quel doit être, parmi les produits des poulaillers, l'article de vente courante.

On ne peut, en effet, poursuivre en même temps tous les genres de production à moins de posséder des installations très étendues, très couteuses à établir d'un seul coup, très longues à créer progressivement et qui font courir à leurs propriétaires tous les risques de l'industrie et du commerce.

La division du travail est ici une cause première du succès absolument comme dans tout autre genre de fabrication animale et manufacturière.

Boileau a dit :

> Ce que l'on conçoit bien se traduit aisément.
> Et les mots pour le dire viennent facilement.

Sachons bien d'abord ce que nous voulons faire et nous aurons déjà vaincu bonne partie des difficultés de la réalisation.

S'agit-il d'un poulailler de famille destiné à suffire aux besoins d'une maison bourgeoise tout en constituant un élément de distraction et d'occupation ?

Avons-nous à créer le poulailler d'une ferme dans laquelle la volaille doit jouer un rôle important, sans constituer cependant une exploitation principale ?

La production principale doit elle être les œufs, doit elle être la viande ?

Si vous cherchez à vendre la volaille, devez vous la livrer après engraissement, ou non ?

Veut-on créer un poulailler d'élevage destiné à produire des reproducteurs de race pure vendus à un prix élevé, ou bien des œufs pour l'incubation. Voulez-vous vendre principalement les poussins dès leur naissance, avant que les dangers des premiers jours n'aient causé des déficits parfois très sensibles dans les couvées ?

Autant de buts différents qui nécessitent des moyens d'action spéciaux.

Nous allons nous placer dans ces différentes hypothèses en signalant les dangers et risques que présente chacune de ces branches d'exploitation. Parmi les ouvrages de vulgarisation édités dans ces dernières années beaucoup n'additionnent que la colonne des profits laissant dans l'ombre celle des pertes. Spécialement destinés aux amateurs et inspirés le plus souvent par le désir de vendre des machines et appareils d'élevage, ces publications voient tout en beau.

Pour nous, qui n'avons nul système à recommander ni à préconiser, essayons de voir juste et posons tout d'abord ce principe d'expérience que le porte-monnaie ne doit s'ouvrir qu'avec une extrême modération lorsqu'il s'agit de dépenser. — C'est la seule base solide qui puisse s'appliquer à tous les cas prévus, si l'on veut arriver à ouvrir largement plus tard ledit porte-monnaie pour l'encaissement des recettes.

Toutes les fois qu'il s'agit d'acheter méfiez-vous.

On perd plus d'argent en achetant mal qu'en vendan
mal.

POULAILLERS BOURGEOIS

Ici la fantaisie peut se donner plus large carrière puisqu'il s'agit autant de distraction que d'utilité.

Le premier conseil que l'on puisse donner, est de
s'adresser tout d'abord aux races du pays et cela pour
plusieurs motifs.

Il y a tout lieu de supposer que vous aurez facilement sous
la main la nourriture qui leur convient ; que les gens
de service seront habitués aux soins dont la volaille elle-
même pourrait avoir l'habitude.

Il est enfin certain que les hôtes de votre poulailler
seront faits au climat, au sol, et par conséquent moins
exposés aux maladies.

Vous rechercherez autant que possible les variétés précoces ; vous pourrez également échelonner un peu les
degrés de précocité afin d'avoir des volailles prêtes pour
la table pendant la plus grande partie de l'année.

Ceci fait, il vous suffira d'observer la conduite de vos
volailles, de mettre à la réforme celles qui manifesteraient
des défauts trop marqués et vous obtiendrez une population de valeur moyenne qui répondra sans doute à vos
modestes exigeances.

Ceci dit pour les côtés utilitaires.

Que s'il vous plaît maintenant d'avoir pour le coup d'œil
quelques volailles exotiques, ou quelques représentants des
diverses races françaises bien confirmées, nous n'y voyons
nul inconvénient. Le plus grand danger que vous courrez
alors, si vous n'avez pas une compétence toute spéciale
c'est de vous tromper dans vos acquisitions, c'est de
prendre des métis plus ou moins réussis pour des étalons
remarquables; ceci est affaire à vous. Telles qu'elles

seront si les volailles que vous avez ainsi vous satisfont et vous plaisent, il suffit.

Le seul conseil que l'on puisse donner c'est de ne pas mélanger ces étrangères à la bonne population moyenne que vous aurez obtenue en suivant les indications qui précèdent. Les croisements, sous peine d'être non seulement inutiles mais encore nuisibles, ne doivent être faits qu'avec les soins les plus minutieux ainsi que nous le démontrerons au chapitre de l'amélioration des races.

POULAILLERS DE FERME

Le poulailler de ferme peut s'établir à peu près d'après les mêmes principes que le poulailler bourgeois ; même avantage à s'adresser de préférence aux races du pays. Ici le mélange avec des races étrangères pourrait avoir des inconvénients plus marqués encore que dans le premier cas. La surveillance est moins facile, la séparation des espèces est presque impraticable. Intermédiaire entre le poulailler bourgeois et le poulailler d'exploitation, que nous pourrons nommer le poulailler industriel, le poulailler de ferme n'est l'objet en général que de soins plus restreints.

C'est un tort, dira-t-on.

Parfaitement, mais c'est ainsi.

Et les réformateurs qui prétendront imposer du jour au lendemain leurs manières de voir, même justes, risqueront fort, comme par le passé, de rencontrer sourdes oreilles.

Il faut donc accommoder en quelque sorte le progrès, aux mœurs, aux habitudes qu'il a pour mission de réformer.

Pour apprendre aux enfants à parler on bégaye comme eux; on ne commence pas par leur faire un discours latin.

La question de l'alimentation doit être la première à résoudre pour l'établissement d'un poulailler de ferme.

Il ne s'agit plus ici de quelques volailles que les débris de cuisine contribueront à nourrir, auxquelles un espace restreint de terrain permettra de trouver encore une partie notable de leur alimentation.

Le troupeau doit être nombreux et il faut que son exploitation se solde par des bénéfices.

Le compte des dépenses spéciales de nourriture doit donc être aussi restreint que possible.

Les meilleures volailles sont, en conséquence, celles qui réunissent la moyenne des qualités suivantes :

Précocité, parce que les poulets nouveaux se vendent plus cher et, se vendant plus vite, ont moins coûté.

Fécondité, parce que la vente de l'œuf est un produit certain sans alea dont la demande ne se ralentit jamais et dont les prix, toujours rémunérateurs, deviennent parfois très avantageux dans certaines circonstances, telles que le voisinage d'une ville permettant la vente directe des œufs frais.

Sauf dans les régions douées de race spéciale et comptant au nombre des pays d'élevage, la production de l'œuf est presque toujours plus avantageuse que la production de la viande.

Dans les poulaillers de ferme, il y aura grand intérêt à avoir des volailles ardentes dans la recherche de la nourriture afin qu'elles utilisent mieux les divers aliments qu'elles trouvent à leur disposition. C'est donc à la race commune qu'il conviendra d'avoir recours, à défaut de races locales bien confirmées. Évidemment, au poulailler de ferme peut s'allier un poulailler d'amateur et il n'est pas défendu au fermier de s'offrir le luxe de quelques volailles de haut choix ; mais au point de vue pratique, on fera sagement en formant le gros du troupeau d'après les principes que nous venons d'exposer.

Toutefois, lorsque le but principal de l'élevage sera non plus la vente de l'œuf, mais la vente de la volaille demi-grasse ou entièrement grasse, il faudra évidemment se laisser guider dans son choix par les aptitudes plus ou moins marquées à l'engraissement; dans ce cas le premier mérite du poulet c'est d'arriver vite au degré de chair où il peut être vendu; d'une part la graisse véritable ne pouvant s'obtenir sans nourriture spéciale et d'autre part la nourriture spéciale, en raison des frais qu'elle entraîne, constituant toujours le grand risque de l'élevage, il est important de réduire le plus possible la durée de la période pendant laquelle elle doit être donnée.

Il faut toutefois savoir, si le but poursuivi est la production de la volaille bien en chair, ou la production de la volaille complètement grasse; dans ce dernier cas, en effet, il y aura avantage marqué à s'adresser complètement à une race spécialement douée à cet égard, parce qu'il est un degré d'engraissement auquel les volailles ordinaires s'arrêteront toujours, quelle que soit la nourriture qu'on leur puisse prodiguer et que dépassent seuls les sujets appartenant aux races spéciales, de telle sorte que l'engraissement forcément imparfait d'une volaille commune coûtera souvent beaucoup plus cher que l'engraissement complet d'une volaille fine, sans que la première atteigne jamais au prix de vente que réalisera la seconde.

On conçoit donc que dès son point de départ, en quelque sorte, l'opération est assurée de réaliser une perte ou un bénéfice.

POULAILLERS D'ÉLEVAGE

Créer un poulailler d'élevage est une entreprise toute spéciale et qui ne peut guère se concilier utilement avec les travaux d'une culture tant soit peu importante. Il ne s'agira plus, en effet, de laisser agir la nature en se contentant de la seconder, de l'améliorer, il faudra des soins de tous les instants et une attention jamais lassée.

Comme les résultats, les points de départ doivent être tout différents.

Il faut ici la multiplicité des races afin de répondre au goût des amateurs.

Dans un magasin, par exemple, c'est précisément la variété des marchandises qui entraîne l'augmentation des ventes ; venu pour acheter tel objet, vous achetez également tel autre qui vous tente ne vous apercevant parfois qu'à la porte, que vous n'aviez nul besoin de cette seconde acquisition.

Un poulailler d'élevage, s'il est établi dans une région possédant une race particulière, dans le pays de Houdan, dans le pays de La Flèche, par exemple, devra évidemment être avant tout bien fourni en produits du pays. Il est tout naturel de penser en effet que les amateurs s'y adresseront pour se fournir de reproducteurs du cru et l'on doit être en mesure de répondre aux demandes. Mais il sera nécessaire également de se tenir pourvu de représentants d'assez nombreuses variétés.

Quelle sera la première préoccupation de l'aviculteur désirant entretenir un poulailler de cette catégorie ?

Assurément la pureté des sujets qu'il achètera afin d'assurer celle de leur descendance.

C'est une double question d'honnêteté et d'intérêt. Le reproducteur confirmé se vend en effet un prix élevé, parfois même de ces prix qui n'ont d'autres limites que la fantaisie de l'acheteur et la ténacité du vendeur. Or, ce que paye l'amateur c'est assurément la pureté de race du sujet plutôt encore que la beauté individuelle.

L'intérêt du producteur est également engagé parce que la dégénérescence est rapide dans certaines espèces et que des reproducteurs incomplètement purs, donneront naissance à des métis déjà très défectueux qui n'engendreront à leur tour que d'affreuses cocottes.

Dans les races communes dont les indices sont vagues, dont les aptitudes sont plutôt individuelles que genériques, la dégénérescence est quelquefois lente en sa marche ; mais dans les races confirmées et spécialisées, il n'en est pas ainsi. Dès qu'il y a imperfection cette imperfection s'accentue avec la plus grande rapidité.

Dans l'élevage des volailles de races pures, le parquage est naturellement indispensable puisqu'il constitue le seul moyen de s'opposer aux croisements les plus fantaisistes ; il importe donc peu que les volailles aient une plus ou moins grande aptitude à rechercher leur nourriture ; il faut les alimenter complètement et, le plus souvent, approprier à chaque espèce les aliments spéciaux, qui lui conviennent le mieux — On attachera, par suite, plus d'importance aux dispositions à l'incubation et à l'accomplissement des devoirs de la maternité. Lorsque chaque sujet est destiné à avoir une valeur notable, il est d'un intérêt majeur d'en amener à bien le plus grand nombre possible.

La disposition à l'engraissement n'aurait pour l'aviculteur, dans ces conditions, qu'un intérêt indirect puisqu'il n'engraisse pas ses volailles ; en un mot la correction de la race lui suffira puisque c'est la race qu'il vend aussi bien sous forme d'œufs que sous forme de poussins ou d'adultes. Quant aux aptitudes individuelles, sauf la fécondité, on peut dire qu'elles lui importent peu, d'une façon directe du moins. Il est évidemment intéressé à livrer des sujets qui donnent satisfaction à l'acheteur et assurent la permanence de la clientèle, mais il l'est surtout à en livrer beaucoup possédant tous les caractères extérieurs bien tranchés de la race à laquelle ils appartiennent. D'ailleurs, l'élevage des reproducteurs pour la vente constitue un commerce spécial qui a ses lois spéciales. — Assurément l'aviculteur doit se conformer, quel que soit son but, aux règles générales de l'hygiène et aux préceptes de la science avicole, mais cette observance ne suffit pas à assurer le succès de son exploitation.

Ses profits ne tiennent pas aux mêmes causes que les bénéfices donnés soit par la vente de la volaille de table, soit par celle des œufs pour la consommation.

Les exigences de l'acheteur, celles de la mode, sont ici toutes puissantes; ce sont elles qui guident la production. — C'est de l'harmonie entre l'offre et la demande que peut naître le succès.

On travaille sur mesure. Toutefois, l'industrie de l'aviculture doit, même dans cette branche d'exploitation, obéir à des principes généraux, afin de donner à la diversité des races, réunies sur un même terrain, les conditions les plus propres au développement de chacune d'entre elles.

Nous ne pouvons d'ailleurs mieux faire que de reproduire quelques lignes du livre si intéressant de M. Lemoine, lequel possède à Crosne l'établissement d'élevage de reproducteurs le plus intéressant et le mieux tenu qu'il nous ait été donné de visiter :

« ... Le choix d'une variété de volailles est chose très importante. Les propriétaires de prairies doivent se procurer des Crèvecœur; ceux qui possèdent des ombrages doivent rechercher des La Flèche. Les amateurs de Houdan et de volailles de la Bresse sont favorisés par la faculté d'acclimatation de ces espèces. — Possesseur par la sélection des types les plus purs et évitant le croisement des races entre elles (car un seul croisement peut influer sur les générations futures), j'arrive à obtenir de superbes oiseaux. Je m'applique à conserver, à améliorer les types purs.....

« ... Chaque race doit être placée suivant l'orientation qui lui convient. L'éducateur doit toujours examiner ses oiseaux, s'assurer s'ils se nourrissent bien, si la ponte est

régulière, et dans le cas contraire, chercher immédiatement le défaut.

« Ainsi, j'avais mis dans un parquet, exposé à l'ouest,
un coq et sept poules de Houdan très bonnes pondeuses.
Après avoir attendu une quinzaine, car tout déplace-
ment arrête la ponte, je remarquai qu'elles pondaient très
peu, qu'elles mangeaient moins. Sans hésiter, je fis un
nouveau changement, et, dans leur dernier parquet, la
ponte redevint abondante.

« Dans le parquet qui ne convenait pas aux Houdan,
j'installai des Cochinchine fauves; elles y ont très bien
réussi. J'installai ensuite, dans ce parquet, un coq et trois
poules de Hambourg, qui s'y sont également bien trouvés.
Donc les Houdan ne demandent pas la même orientation
que les Cochinchine et les Hambourg. Donc il faut chercher ce qui convient à chaque race, et cela je ne puis le
préciser. Un pays a souvent plusieurs expositions, et dans
un même pays, dans une même propriété, tels sujets ne
se plaisent pas dans un endroit qui, au contraire, réussissent très bien dans un autre. »

Nous avons donné jusqu'à présent des explications pouvant être, croyons-nous, de quelque utilité aux personnes
ayant à créer de toutes pièces des poulaillers et à en commencer l'exploitation.

Mais tel n'est pas, sans doute, le cas dans lequel se
trouvent beaucoup de lecteurs de cet ouvrage. La plupart
de ceux qui s'intéressent assez à l'élevage des volailles
pour en faire l'objet de lectures et d'études, possèdent, de
prime abord, un troupeau emplumé, vaille que vaille. Il
convient donc de nous occuper tout spécialement de l'a-
mélioration des races.

Deux systèmes s'offrent au choix de l'aviculteur, et
nous devons les examiner avec soin.

On peut procéder soit par croisement, soit par sélection et amélioration progressive.

Quel est le procédé le plus rapide ? Quel est celui dont les résultats sont les plus sûrs, les plus constants ?

Au premier abord, procéder par croisement semble une pratique bien séduisante. Quoi de plus simple en théorie?

Etant données d'une part des volailles qui ne manifesteront pour l'engraissement, par exemple, qu'une tendance insuffisante, le plus simple n'est-il pas de les croiser avec des reproducteurs de races aptes à la graisse?

N'arrivera-t-on pas à leur communiquer de la sorte les mérites qui leur manquent?

Et ce que nous disons au sujet de la graisse peut s'appliquer à toutes les aptitudes.

En théorie, nous le répétons, il n'y a guère d'hésitation possible ; mais, au grand dépit des théoriciens et des inventeurs de systèmes, ce qui est logique en théorie, ne l'est pas toujours en pratique.

La nature obéit à l'homme, sans doute; mais pourtant dans une certaine mesure et autant que cela lui plait.

Voyez ce qui se passe dans la culture des céréales.

Vous avez un terrain médiocre, ou mauvais; vous ne lui accordez que des quantités d'engrais insuffisantes pour le régénérer, et pour l'ensemencement vous employez des semences banales, provenant de récoltes inférieures. Il est évident que, dans ces conditions, le résultat ne peut être que déplorable.

Quel que soit le prix auquel le blé puisse être coté sur les mercuriales, il est impossible que vous obteniez un rendement rémunérateur. D'abord, parce que vous n'avez qu'une faible quantité de produits, et ensuite parce que la qualité fait également défaut.

Vous voulez y remédier, et vous lisez dans les journaux que telle semence étrangère fait merveille.

On place sous vos yeux des colonnes de chiffres fort intéressants. Le blé de telle provenance donne tant à l'hectare. Voilà bien ce qu'il vous faut; en l'employant, vous pouvez à la fois réduire vos emblavures, autrement dit, économiser de la terre pour d'autres produits, et obtenir, dans l'espace que vous réservez au blé, des quantités beaucoup supérieures à celles que vous donnait naguère la superficie totale de votre terrain. Vous pouvez également, si vous ne craignez pas l'avilissement du prix par excès de production, continuer à accorder au blé une superficie non réduite, et, par conséquent, porter au marché un nombre de sacs de blé beaucoup plus considérable qu'autrefois.

Le raisonnement est inattaquable, à condition d'en admettre les bases.

Malheureusement, ce sont ces bases elles-mêmes qui sont fausses.

Votre riche semence vous donnera peut-être la première année, — et nous disons peut-être, — une amélioration apparente dans la récolte. Mais, en admettant même qu'il en soit ainsi, ce mieux ne se maintiendra pas. L'influence possible de la semence supérieure sera annihilée par l'infériorité du sol et par l'insuffisance de l'engrais. De telle sorte qu'au bout du compte vous aurez augmenté, par l'achat de semences, le débit de votre compte de culture, et vous n'augmenterez pas le crédit, ce qui n'est pas précisément le but que vous vous proposiez d'atteindre.

Ce qui est vrai pour les céréales l'est aussi pour la volaille.

Donnez, par exemple, à des poules communes un coq de La Flèche afin d'obtenir des poulets facilement engraissables. — Vos poules sont médiocres et mauvaises, ce qui vous a inspiré, d'ailleurs, la pensée de cette amélioration.

Les poulets de la première couvée reproduiront assurément quelques-uns des caractères de race du père, et vous serez tenté de vous réjouir, en calculant que vous remplacerez vos poules actuelles par ces poulettes nouvelles venues, que vous les croiserez de nouveau avec votre beau coq et que les produits de ce second croisement se rapprocheront encore plus de la race supérieure du père.

Bien convaincu du succès, vous ne songez pas à l'infériorité de vos poules; vous ne vous rendez pas compte que leur nourriture, suffisante sans doute à leur entretien, ne suffit pas à leur amélioration; que leur hygiène laisse à désirer, et qu'en définitive l'arrivée pure et simple du beau coq n'a pas pu porter remède à un état défectueux provenant de plusieurs causes, non plus que compenser les défauts du logement et l'insuffisance des rations.

Que va-t-il se produire?

Les qualités du reproducteur mâle, loin de s'imposer d'une manière définitive aux produits, s'annihileront peu à peu; vous aurez jeté le trouble d'une manière inutile parmi vos volailles primitives, et vos métis dégénérés ne vaudront pas mieux que leurs mères.

Que conclure de ces faits, dont l'exactitude est malheureusement démontrée par de nombreux exemples?

La conclusion s'impose d'elle-même; elle condamne le croisement lorsqu'il est fait à l'aide de sujets abâtardis.

Voici ce que dit à cet égard M. Eugène Gayot, dont l'excellent ouvrage peut être consulté avec fruit: « Comme moyen de reproduction, qu'on le sache, le croisement n'est pas chose indifférente, inoffensive. Quand il ne fait pas le bien, il cause le mal; lorsqu'il n'améliore pas l'individu, il porte atteinte à la famille, il altère la race. Inconsidéremment appliqué à nos meilleures variétés il les menace sérieusement et dans leurs aptitudes les plus hautes et dans l'harmonie de leur structure; il les affaiblit et en aurait promptement raison au préjudice des contrées qui les possèdent.

D'autre part, M. Chanel (*Animaux domestiques*) s'exprime ainsi au sujet de tentatives faites en vue de grandir la poule de la Bresse : « On introduisit dans les basses-cours des cochinchinoises très haut montées sur leurs pattes jaunes ; mais ces croisements n'ont pas été heureux. Les métis qu'ils ont donnés prenaient mal la graisse. Ils coutèrent davantage à nourrir et leur chair n'offrait pas cet aspect blanc et brillant qui est un des caractères distinctifs de la poularde de Bresse. »

En principe le croisement ne devra donc pas avoir lieu pour relever une race abâtardie.

Si l'on est pressé, il faudra créer de toutes pièces une population galline nouvelle en ayant soin de choisir des variétés aptes à s'acclimater et à bien faire dans le pays que l'on habite et surtout leur constituer une hygiène et leur donner une alimentation propre à maintenir leurs qualités. Ce procédé est couteux — on le conçoit.

Si l'on n'est pas pressé — et c'est parfois le meilleur moyen pour aller vite — il faudra procéder par l'amélioration progressive d'abord et la sélection ensuite.

C'est cette manière d'agir plus prudente et plus rationnelle que nous allons examiner. Dans tout troupeau, si mauvais soit-il, vous trouverez toujours un certain nombre de volailles dont l'état sera meilleur, les défauts moins accentués. Mettez-les de côté et n'hésitez pas à sacrifier les sujets qui se trouveront en trop mauvaise condition. Ils n'ont rien de bon à faire dans l'existence — à notre avis du moins. Quant au leur il est inutile de le leur demander. Intéressés dans la question, ils ne seraient pas impartiaux.

Ce faisant vous aurez diminué le nombre de votre troupeau ; mais, d'autre part, en vendant, vaille que vaille, les sujets sacrifiés, vous aurez réalisé une petite somme. C'est à l'amélioration de l'existence et de la nourriture surtout des survivants que vous la consacrerez.

Plus hygiéniquement installées, mieux alimentées, ces volailles ne tarderont pas à prendre meilleure tournure.

C'est ici le cas d'appliquer le vers de La Fontaine passé en proverbe.

> Rien ne sert de courir; il faut partir à point.

Avancer à grands coups de porte-monnaie, c'est commode, mais lorsqu'on exploite pour gagner de l'argent, c'est parfois imprudent. Marcher par des améliorations successives, en tirant les ressources du fonds même qu'il s'agit de faire progresser, c'est s'acheminer vers un résultat moins immédiat peut-être — mais assurément plus pratique et plus solide.

D'ailleurs, ce n'est pas une longue patience que vous aurez à dépenser. L'influence de l'alimentation se fera promptement sentir. Bientôt vous verrez la ponte devenir plus abondante et par conséquent vos recettes s'accroître, car il sera préférable, pendant quelques semaines, de vendre les œufs que de les faire couver. Attendons que les reproducteurs aient repris la force, la richesse de sang qui leur manquent encore avant de permettre aux enfants de venir au monde. Ceux qui naîtraient alors n'auraient pas encore profité de l'amélioration insuffisamment profonde de leurs parents.

Au bout d'un peu de temps, faites choix des œufs les plus beaux, de ceux pondus par les poules qui ont le mieux profité du régime reconstituant et dont la conformation paraît la plus satisfaisante.

Ce choix fait, voici le moment de commencer les couvées. Il faut y employer toutes les poules qui en manifestent quelque désir. Par contre, celles qui seraient réfractaires doivent recevoir une mauvaise note et, à moins qu'elles ne soient très bonnes pondeuses au point de vue de la production des œufs de vente, il faut les désigner pour une prochaine réforme.

Le moment de la récompense approche. Elle est renfermée dans ces coquilles qui vont se briser et laisser venir au jour des sujets infiniment supérieurs à ceux que vous aurez jamais obtenus. La première étape est franchie maintenant.

C'est la plus dure, les autres paraîtront plus courtes.

Donnez vos soins les plus attentifs à ces élèves ; aidez à leur précocité par tous les moyens possibles de façon à les amener rapidement au moment où ils seront aptes à la reproduction.

C'est alors, mais alors seulement, qu'il pourra être profitable de recourir à l'infusion d'un sang nouveau. Et nous ne conseillons certes pas de livrer toutes ces poulettes à des coqs étrangers. Si le croisement ne réussissait pas vous compromettriez encore la marche de votre élevage. Procédez par fractionnement. Tandis que vous laisserez les mères à vos coqs ordinaires, formez un petit troupeau à part, avec les meilleures têtes et donnez lui un coq choisi avec soin. Vous comparerez ensuite les produits croisés avec les indigènes et vous continuerez ou non l'infusion du sang selon les résultats que vous aurez obtenus. Voilà une voie qui vous conduira incontestablement au succès ; c'est celle de la patience et la prudence, de l'observation pratique et personnelle.

Il n'y a donc pas de système absolu. L'amélioration générale et le perfectionnement progressif par sélection, et le croisement doivent et peuvent être employés tour à tour, ainsi que le dit M. Gayot que nous avons déjà cité et que nous citerons assurément encore, car sa manière de voir nous semble celle du bon sens.

Est-ce parce qu'elle s'accorde avec la nôtre sur bien des points ? N'importe.

Nous citons : « Toute autre manière de procéder expose à payer cher les frais de la procédure... Quand la manière de faire paraît aussi simple, quand des soins judicieux doivent être payés de tels résultats, il semblerait que beaucoup parmi ceux dont les basses-cours sont très mal peuplées devraient s'empresser de travailler à leur amélioration.

« Les poules qui rendent peu sont une charge. Il ne faut pas de parasites au poulailler plus qu'à l'étable ou à la bergerie. Les mauvaises bêtes, celles qui consomment plus qu'elles ne produisent doivent être impitoyablement reformées ou modifiées, dans le sens d'une amélioration progressive.

« Tels sont les enseignements de l'expérience. Rien n'est plus facile que de mêler des races bien distinctes et très éloignées l'une de l'autre ; mais rien n'est moins aisé que de faire sortir de leur union insolite, irréfléchie, une variété nouvelle qui ait sa raison d'être et mérite d'être conservée.

« ... Les insuccès abondent... Il faut s'en tenir aux principes. Ce sont des guides sûrs. En les suivant, on est bien certain de ne pas s'égarer à travers les chemins dangereux de la fantaisie. »

Des exemples sont toujours nécessaires pour confirmer les plus sages avis, surtout lorsqu'on n'a pas la prétention d'être un oracle. Si nous avons clairement laissé voir notre préférence pour le perfectionnement des races locales à l'aide de leurs propres ressources, et, par conséquent, de la race commune qui se trouve répandue sur la plus grande étendue de pays, c'est que les preuves viennent nombreuses à l'appui de notre dire.

Citons, entre autres, le département des Landes dans lequel nous trouvons une variété de poules qui n'est absolument que la poule commune bien soignée. Les landaises ont le corps développé ; le squelette léger, qui est un des privilèges de la race, se recouvre d'une quantité de chair excellente.

C'est à la nourriture, principalement composée de maïs, que doit être attribuée cette situation.

Dans le département de la Haute-Garonne, le bon état des volailles témoigne, d'une manière plus précise encore peut-être, de l'excellence de l'amélioration progressive. Les Hautes-Garonnaises procèdent de la poule de Gascogne, variété qui n'est autre que la poule commune ayant gravi quelques échelons du progrès et constituant déjà une volaille très stable. Elles sont donc en quelque sorte un perfectionnement de la poule commune porté au second degré, sans infusion de sang étranger et uniquement sous l'influence d'une *alimentation d'épargne*, d'une nourriture, qui non seulement suffit à l'entretien de l'animal, mais encore lui fournit un excédent de forces se traduisant par le développement du corps, l'activité de toutes les fonctions vitales, et la plus grande aptitude à reproduire et à être agréablement consommée.

CHAPITRE IV

REPRODUCTEURS. — FAMILLES

Nous avons maintenant à nous occuper des qualités individuelles; à rechercher, selon la fonction à laquelle on destine plus particulièrement chaque sujet, notamment en ce qui concerne les reproducteurs, les aptitudes spéciales.

Il est évident que dans toute exploitation un tant soit peu soignée, l'animal appelé à la reproduction doit posséder au plus haut degré possible, toutes les qualités que l'on souhaite chez les produits à en obtenir.

Lorsqu'on a distingué les animaux que l'on veut consacrer à la reproduction, il est bien important de ne pas mélanger les sexes avant l'âge voulu. Or, on n'a pas l'idée, à moins de l'avoir constaté soi-même, des prétentions prématurées des jeunes coquelets et de leur outrecuidance vis-à-vis des poules adultes, lesquelles ont autre chose à faire que de nouer connaissance avec ces minuscules soupirants.

Pour livrer les jeunes sujets à la reproduction, il faut attendre l'âge d'un an au minimum; une couple de mois en plus sont même beaucoup moins nuisibles qu'une couple de mois en moins.

Ce principe est aussi vrai pour les coquelets que pour les poulettes.

Plus jeunes ces dernières ne donneraient que des œufs insuffisants comme grosseur. Les animaux de l'un et l'autre sexe s'épuiseraient d'ailleurs par une précocité sans utilité aucune.

Ni trop jeunes, ni trop vieux.

Après avoir travaillé pendant trois ans, c'est-à-dire environ à la fin de la quatrième année, ou vers le milieu de la cinquième année de leur existence, il faudra réformer les reproducteurs. Plusieurs motifs d'intérêt bien entendu conseillent de prendre cette mesure. D'une part, après ce laps de temps les facultés génératrices des coqs s'affaiblissent — ou commencent à s'affaiblir. — En admettant même qu'ils soient en mesure de faire leur service encore une année, ils ne se trouveraient plus dans de bonnes conditions pour être vendus.

Coqs et poules de cinq ans deviennent durs.

Mis un peu plus tôt à la réforme comme reproducteurs, ils peuvent au contraire prendre chair, faire bonne figure au marché et par conséquent se vendre avantageusement.

Ainsi passe la gloire du monde.

COQS

« Le coq, dit Buffon, a beaucoup de soin et même d'inquiétude et de souci pour ses poules, il ne les perd guère de vue, il les conduit, les défend, les menace, va chercher celles qui s'écartent, les ramène et ne se livre au besoin de manger que lorsqu'il les voit toutes manger autour de lui. A en juger par les différentes inflexions de sa voix on ne peut guère douter qu'il ne leur parle différents langages. Quand il les perd, il donne des signes de regret. Quoique aussi jaloux qu'amoureux, il n'en maltraite aucune. Sa jalousie ne l'irrite que contre ses concurrents.

« S'il se présente un autre coq, sans lui donner le temps

de rien entreprendre, il accourt, l'œil en feu, les plumes hérissées, se jette sur son rival et lui livre un combat opiniâtre jusqu'à ce que l'autre succombe, ou lui laisse le champ de bataille. »

Ce tableau, des plus exacts, donne une indication de quelques unes des qualités que l'on doit rechercher chez le coq.

On estime toutefois que la force, la vaillance, l'esprit batailleur sont des dons plus appréciables pour le coq de ferme dont l'existence se rapproche toujours quelque peu de l'état naturel, que pour le coq parqué. A ce dernier on doit demander, d'après certaines doctrines, moins de vaillance et plus de douceur. Nous ne sommes pas absolument de cet avis. Le coq méchant, essentiellement batailleur, le pendard ne rêvant que plaies et bosses et faisant du moindre incident prétexte à combat acharné, exagère évidemment ses droits et ses devoirs. C'est un mauvais sujet qu'il faut surveiller et mettre de côté.

Mais la peur d'un mal ne doit pas faire tomber dans un pire.

Un coq très doux peut être bon compagnon, mais mauvais mari et l'éleveur ne doit pas oublier qu'il est intéressé très vivement à la bonne marche du ménage. Qui se dispute s'adore, dit le proverbe. La qualité maîtresse du mâle doit être, en toute race, la vaillance et l'énergie. Ces dons sont d'ailleurs le résultat d'un bon équilibre des forces physiques.

Donc, le coq vaillant.

Qu'il soit pesant et large autant que le comporte son espèce, bien emplumé et bien armé.

LA POULE

On demandera à la poule les mêmes qualités physiques qu'au coq, mais de toutes autres qualités morales. La poule

sera donc gaie, d'une nature facile ; son caractère devra
la porter à une aimable soumission à l'égard de son époux,
à une longue patience, à de grandes précautions dans
l'œuvre de l'incubation et enfin à des soins attentifs à l'é-
gard de ses enfants. Elle devra aussi avoir les aptitudes
de la bonne ménagère, chercher activement la nourriture
pour elle-même et pour les siens. Impatiente et turbulente
elle casserait les œufs des couvées et troublerait ses compagnes. Elle devra donc allier dans une égale proportion les
mérites physiques aux mérites moraux.

Les époux ainsi choisis, quelles règles doivent présider
à la formation des ménages ?

Les avis sont très partagés sur le nombre de poules
qu'on peut utilement livrer au coq. Ayant trop peu de
poules un coq les fatiguera par ses exigences multiples,
tandis que lui-même n'aura pas l'existence conforme à
ses goûts et pourra éprouver des ennuis qui influeront
d'une façon fâcheuse sur son caractère. D'autre part, ce
sera une déperdition de force sans aucune utilité.

Si nous attribuons au contraire, à un coq, un nombre
de poules excessif, les inconvénients sont autres, mais
plus préjudiciables encore aux intérêts de l'éleveur.

Ce n'est plus le coq qui patit dans ce cas ; son orgueil
qui est extrême ne lui permet de croire aucune tâche au-
dessus de ses forces. Le moindre Bentam pense être en mesure de diriger un troupeau de poules cochinchinoises.

Mais avec insuffisance du nombre de coqs la fécondation sera assurément accomplie d'une manière irrégulière et nous éprouverons de graves mécomptes dans les
éclosions par suite de la proportion beaucoup trop élevée
des œuf clairs.

Il faut donc adopter un moyen terme.

Buffon, avec une prodigalité de grand seigneur, accorde volontiers à chaque coq un assez grand nombre de poules. Une cinquantaine au besoin ne lui semblerait pas excessif.

Buffon, extrêmement agréable comme écrivain et dont la science aimable possède plus d'étendue que de profondeur, ne juge pas les choses en praticien. L'histoire rapporte que, de mœurs très élégantes, il se mettait pour écrire en grande toilette, laissant traîner sur ses feuillets de papier, ses manchettes de dentelle. Ce n'est pas un costume pratique pour soigner la basse-cour. Buffon sans doute n'avait pas élevé lui-même beaucoup de volailles. M. Jacques infiniment moins généreux que Buffon, limite à quatre le nombre de poules qu'il conseille d'accorder à un coq. Mais il faut tenir compte que des volailles ainsi mises en familles doivent être parquées, parce que cette proportion serait tout à fait mauvaise dans un troupeau.

En moyenne un coq vigoureux, d'un âge convenable et bien nourri suffit parfaitement au service d'une douzaine de poules. Toutefois, il sera bon de surveiller la façon d'agir de ce sultan et de s'assurer qu'il remplit son office d'une manière satisfaisante et qu'il ne néglige pas pour quelque favorite, les autres membres de son sérail.

Avant de terminer ce paragraphe, il est important de dire quelques mots d'une question très contreversée.

L'intervention du coq est elle favorable à l'activité de la ponte? Est-elle au contraire inutile à ce point de vue.

Les partisans de cette seconde manière de voir, déclarent que l'acte de la fécondation n'a aucune relation avec la ponte elle-même. En principe oui, puisque l'absence du coq n'empêche pas la ponte.

Il s'en suivrait que dans les poulaillers que l'on destinerait uniquement à la production de l'œuf pour la consommation, il ne serait nul besoin de coqs.

Mais il ne faut pas oublier que l'acte de la génération est nécessaire puisqu'il est naturel et que tous systèmes créés contre la nature ne peuvent s'appliquer impunément.

Quelque soit donc le but de l'exploitation, suivez de plus près possible les lois naturelles ; que votre intervention aide à leur bon fonctionnement, mais qu'elle ne les contrarie pas. La nature est bonne personne ; elle est patiente. Mais elle se fâche parfois et se plaît particulièrement à déjouer les calculs dans l'élaboration desquels on l'a oubliée.

Dans le grand poulailler de Belair, qui est connu, de réputation au moins, par tous ceux qui s'occupent d'aviculture, poulailler consacré exclusivement à la production des œufs et où l'élevage, n'a d'autre but que de renouveler le troupeau, il avait été question tout d'abord de supprimer les coqs et d'acquérir des poulettes au fur et à mesure des couvées. Mais l'on a vite renoncé à ce système qui aurait été déplorable à tous points de vue. Madame de Linas a constaté que l'excitation produite par le coq était extrêmement utile à l'activité de la ponte et que les coqs payaient avec usure leur nourriture et leur entretien. Vivant au milieu de poules nombreuses dans des espaces étendus, les coqs ont, à Belair, une conduite exemplaire. Et, si de temps à autre quelque combat surgit, rien ne démontre que cette preuve de jalousie, ne flatte pas quelque peu l'amour-propre des poules et ne leur procure une aimable distraction en même temps que quelques émotions bienfaisantes.

CHAPITRE V

HABITATION

Parmi les causes premières du succès ou de l'insuccès d'un élevage, l'hygiène de l'habitation est une des plus actives et peut-être cependant des plus négligées dans les exploitations agricoles qui ne sont pas spécialement consacrées à la volaille.

Le point est très délicat.

Il faut en effet concilier les nécessités du confort, avec les nécessités non moins absolues de réduire la dépense dans les plus extrêmes limites possibles.

Comme nous le disions au sujet du choix des races, ce qu'il importe de savoir avant tout c'est le but précis qu'on se propose d'atteindre. Une exploitation fermière dans laquelle la volaille ne joue qu'un rôle secondaire sans qu'on se préoccupe des croisements, des soins spéciaux à chaque variété ;

Un établissement d'élevage où l'en doit prendre au contraire les plus extrêmes précautions à cet égard ;

Un poulailler de luxe créé pour le plaisir des yeux et celui de la table, mais dans l'administration duquel on ne se préoccupe pas d'équilibrer les dépenses et les recettes ;

Enfin un poulailler modeste destiné, sans grande extension, à subvenir aux besoins d'une famille en même temps qu'à procurer quelques petites ressources au ménage par la vente des produits excédant les usages domestiques ;

Ces diverses organisations ne comportent naturellement ni les mêmes dispositions ni les mêmes dépenses parce que les sources de profit sont différentes dans chaque cas et que telle précaution indispensable ici, devient superflue ailleurs, parce que tel frais destiné être à largement remunéré dans telles circonstances doit rester forcément, dans telle autre, une dépense perdue.

C'est par des descriptions qu'il importe de préciser notre pensée.

Nous avons deux types bien distincts à placer sous les yeux du lecteur.

Un établissement avicole consacré à la production des œufs, celui de Belair.

Un établissement avicole destiné à la production des reproducteurs de race celui de Crosne, dirigé par M. Lemoine.

Il faut toujours prendre comme type des installations aussi parfaites que possible, non pour les imiter servilement ce que d'ailleurs est toujours difficile et parfois inutile, mais pour s'en inspirer comme d'un modèle que l'on reproduira ensuite dans les limites de ses besoins et de ses moyens d'action.

Voyons d'abord à grands traits comment est organisé l'établissement de Belair ; le temps que nous consacrerons à cette visite sera d'ailleurs fort agréablement passé et utilement employé.

Le poulailler de Belair est une véritable et spacieuse maison qui comporte un rez-de-chaussée et un étage divisé chacun en plusieurs pièces.

Le bâtiment est partagé en quatre compartiments égaux dont chacun contient les produits d'une même année, procédé qui permet de connaître l'âge précis de tous les oiseaux et par conséquent de calculer exactement le moment venu des mises à la réforme. Les murs extérieurs

sont en pierre dit l'ouvrage de M. Gayot auquel nous
empruntons ces détails parce qu'ils correspondent à nos
souvenirs et les précisent. Sur la façade principale,
à l'abri d'un auvent, se développe une galerie de 1.50 de
de large portant un petit chemin de fer destiné au transport des provisions et autres.

On accède dans chaque pièce par une porte de 1 mètre
de large sur 1,80 de haut, percée, dans le bas, de trois
ouvertures pouvant permettre le passage d'une poule. Ces
portes glissent sur rails de façon à ne pas gêner la circulation sur la galerie. Le logement des poules se trouve élevé
à l'entresol ; des échelles de 1 mètre de large permettent
aux volailles de sortir pour la promenade et de rentrer
chez elles ce dont elles ont d'ailleurs complète liberté depuis
le lever jusqu'au coucher du soleil.

L'aération de chaque compartiment s'opère par deux
fenêtres situées à la hauteur de 1,75 dans chaque compartiment. Ces fenêtres sont munies de persiennes à lames
mobiles que l'un dispose, selon la température du dehors,
de façon à laisser entrer une plus ou moins grande quantité d'air. La façade correspondante du même bâtiment
porte, dans chaque compartiment, une fenêtre disposée de
même manière afin de pouvoir créer une ventilation puis-
sante.

Toutefois cette précaution n'a pas paru suffisante à l'intelligente organisatrice du poulailler de Belair et les dispositions que nous venons d'indiquer ont été complétées
par l'installation de cheminées d'appel dont le rôle consiste
principalement à l'aération de nuit, alors que toutes les
autres ouvertures sont fermées. Des rideaux aux fenêtres,
en hiver et des paillassons en été complètent un ensemble de précautions dictées par le souci d'observer strictement les lois de l'hygiène.

Pénétrons maintenant dans l'intérieur de chaque chambre à poules.

L'aire est recouvert d'une couche de sable fin très sec destiné à absorber les excréments et à en rendre l'enlèvement plus facile. Les murailles crépies à la chaux et maintenues dans le plus parfait état de propreté ne présentent pas la moindre aspérité, la moindre fissure où puissent s'accumuler et se développer les germes putrides.

Maintenant que nous avons examiné l'appartement passons au mobilier. Il est extrêment simple ; rien d'inutile.

Nous appelons particulièrement l'attention sur les juchoirs. En général le juchoir, une sorte d'échelle, n'offre qu'un confortable des plus restreint. Développant ses échelons presque depuis le sol jusqu'au toit, il cause par cette disposition même des troubles et des combats, les échelons les plus élevés étant toujours l'objet de la convoitise des volailles. D'autre part dans la plupart des juchoirs ces échelons sont fort étroits, et même ronds n'offrant ainsi qu'un point d'appui tout à fait insuffisant.

Au point de vue hygiénique on accuse les juchoirs ainsi conçus d'obliger les poules à prendre une fausse position, pouvant à la longue causer des défectuosités du sternum.

A Belair les juchoirs mobiles, sont complètement plats au-dessus et ont la forme de véritables bancs d'une largeur de douze centimètres ce qui permet aux dormeuses de s'accroupir très confortablement. Le dessus du banc est placé à 40 centimètres du sol. Il n'y a donc qu'une hauteur uniforme ; chacun perche au même niveau.

Les intrigantes et les ambitieuses s'en plaignent peut-être ; mais la foule s'en trouve à merveille.

« Tout pour le peuple et par le peuple » c'est une devise fort à la mode à Belair.

Après les juchoirs, les pondoirs, car il ne s'agit pas que de dormir il faut travailler aussi :

... « La construction des pondoirs est des plus simple. Ils consistent en une auge faite en planches, appliquée contre le mur où elle porte sur des bras de fer de façon à ce qu'on puisse facilement l'enlever pour procéder fréquemment à des nettoyages complets. Au moyen de planchettes mobiles retenues par des coulisses en bois et placées à vingt-centimètres les unes des autres, cette auge se trouve divisé en trente-six compartiments, cinq auges superposées donnent ainsi un total de cent quatre-vingt pondoirs pour chaque chambre. De petites échelles rejoignant au sol les rangs des pondoirs les plus hauts permettent aux poules d'y accéder facilement avec le calme que comporte la grave fonction qu'elles viennent accomplir, calme qui est d'ailleurs un des meilleurs éléments de succès.

Dans les pondoirs on place de la paille brisée ou de la paille d'avoine de préférence au foin qui sert de logis trop commode aux mites.

La visite du premier étage étant terminée, nous passerons maintenant au rez-de-chaussée sous-sol, divisé, comme le poulailler proprement, dit en quatre compartiments.

Nous y trouvons : La chambre aux œufs, la chambre aux grains, la cuisine et le couvoir. Ces diverses pièces sont indépendantes les unes des autres comme le sont les divers services auxquels elles se trouvent affectées.

La chambre aux œufs est située au Nord du bâtiment. Elle ressemble en quelque sorte à un fruitier dont les rayons sont occupés par des boîtes à œufs plates, de peu de profondeur.

La chambre à grain possède un mobilier plus compliqué.

Elle est garnie de cinq grandes caisses à grains et de grands coffres pour la farine et pour le son.

Voici quelle est la description exacte de ces caisses donnée par M. Gayot.

« La caisse à grains est formée au moyen d'une carcasse de bois, avec parois en toile métallique. Sa capacité intérieure étant de 1 mètre cube, elle contient dix hectolitres de céréales. Son fond à une double pente de façon qu'elle se vide jusqu'à dernier grain par le guichet situé au point le plus bas. Les pieds de la caisse s'élevent à 0 m. 45 du sol. Les parois en toile métallique sont fixées d'abord par des planches qui encadrent le fond de la caisse et consolidées de plus par trois traverses dans le sens de leur largeur. A l'intérieur on a ménagé une cheminée d'aération formée par quatre tringles de bois réunies par des toiles métalliques. Traversant le fond et le couvercle également en bois, cette cheminée permet ainsi à l'air de pénétrer au centre même de la masse des grains.

« Avec cette caisse qui peut être démontée et remontée sans aucune difficulté, on est certain de la parfaite conservation des grains, on ne craint ni les rongeurs ni la vermine.

Après la chambre à grains, nous trouvons la cuisine. La particularité que nous avons à signaler existe dans l'installation des fourneaux. Ils sont disposés pour la cuisson des aliments à la vapeur et, au moyen de tuyaux, ils envoient de la chaleur dans les poulaillers ainsi que dans les couvoirs.

Sans nous arrêter davantage à la description de la cuisine dont tout le monde peut se faire aisément une idée exacte, occupons-nous des couvoirs, partie de l'établissement dont l'importance toute spéciale mérite d'attirer l'attention.

Les paniers à couver, superposés sur deux rangs, sont supportés par des tréteaux. Ces paniers en osier ont les dimensions suivantes à l'intérieur: longueur 0.38 ; largeur 0.30 dans le haut et 0.24 dans le fond ; profondeur 0.26. Chaque panier est muni d'un couvercle et d'un morceau d'étoffe de laine de la longueur et de la largeur du couvercle.

L'organisation des mues dans lesquelles les poules sont

placées pour prendre leur nourriture est digne d'une mention tout à fait particulière.

Ces mues sont alignées le long du mur méridional du bâtiment, mais elles communiquent à travers la muraille, avec les couvoirs au moyen d'un guichet mobile ou porte, pour chacune d'elle. De cette façon on place les poules dans la mue, sans les sortir du couvoir et cependant la fermeture du guichet intercepte toute communication avec l'intérieur.

Lorsque la poule est ainsi enfermée dans son compartiment elle n'est plus séparée du dehors que par un treillage à travers lequel elle peut aisément passer la tête pour prendre les aliments et la boisson déposés pour elle dans des augettes.

On met le couvert avant l'arrivée des convives qui n'ont pas ainsi à se troubler et à s'impatienter, ce qui se produirait assurément pour les dernières servies, pendant la distribution, si les poules étaient mises en mue avant l'arrivée de leur ration.

Ces renseignements rapides, mais auxquels nous avons essayé de donner le plus de précision possible, auront permis, pensons-nous, de se faire une idée exacte de la construction du grand poulailler de Bélair.

Nous allons descendre au jardin.

Quelque excellentes que soient les dispositions conseillées par la science et par l'hygiène, l'éleveur n'oubliera jamais de se conformer avant tout aux prescriptions, aux indications de la nature. C'est en les méconnaissant, en les contrariant qu'il marchera vers la perte et d'un pas rapide. C'est en les interprêtant d'une façon judicieuse, en s'y soumettant avec intelligence qu'il s'assurera au contraire un succès presque certain. Or, être bien logée, dans des locaux d'une propreté scrupuleux, cela fait grand bien à la poule ; mais en somme, ces précautions ne sont nécessaires, que par suite de la domestication de l'espèce.

Rendez coqs et poules à la vie sauvage et ils se passeront à merveille de portes à coulisses, d'augettes, de paniers à pondre et autres ornements.

Libres, dans l'air libre, ils n'engendreront aucun miasme ni ne souffriront du voisinage des impuretés naturelles. Assurément, ils s'engraisseront moins vite ; mais la graisse n'est pas nécessaire à leur usage personnel.

Ce qui rend indispensable les mesures hygiéniques que nous venons d'indiquer, ce qui en fait la condition *sine quâ non* du succès de tout élevage important, c'est que l'homme a besoin de confiner les poules en grand nombre dans des lieux relativement étroits, de les avoir sous la main pour pouvoir facilement leur prendre leurs œufs, leurs enfants et enfin les prendre elles-mêmes.

Dans cette organisation que nous venons de décrire, il est certain que la poule jouit d'un grand confortable, mais, sauf la chaleur du poulailler, il est moins certain qu'elle en apprécie à leur juste valeur les différentes manifestations.

Mais ce qui constitue pour nous la véritable supériorité du grand poulailler de Belair, c'est l'organisation des parcs de promenade, facilitée d'ailleurs par la disposition extrêmement favorable du terrain.

En descendant l'échelle qui joint les poulaillers au sol, les volailles se trouvent dans des parcs dont chacun a une étendue de 60 ares, complètement séparés les uns des autres par des clôtures infranchissables pour la volaille.

Dans ces parcs sont ménagés des massifs d'arbustes sous lesquels les poules trouvent de l'abri contre la trop grande ardeur des rayons du soleil et qui leur donnent l'illusion de la liberté en forêt.

Contre la pluie et le froid, les poules ont à leur disposition des petits hangars dont le sol incliné d'arrière en avant est soigneusement établi et sablé et qui, fermés au nord comme au couchant, sont complètement ouverts à l'orient et à demi ouverts seulement au midi.

— « Dans toute l'étendue des parcs on a établi de petites fosses peu profondes remplies de sable fin dans lequel les poules viennent se poudrer.

— « Contre le poulailler, sous la galerie de service formant couvert, le sol est disposé en aire sur laquelle on jette les graines au moment des repas.

Afin que les poules trouvent dans leurs parcs de plus grands agréments et une nourriture supplémentaire plus abondante on laboure tous les trois mois le quart de la superficie de chacun d'eux. On enterre dans ces labours les fientes et aussi des graines qui fournissent ainsi à la volaille une alimentation supplémentaire qu'elle a grand plaisir à chercher et grand profit à consommer.

Nous n'avons pas à nous étendre ici sur l'alimentation, mais, c'était le lieu de signaler une pratique excellente et qui peut être imitée partout dans des dimensions plus ou moins étendues.

Jusqu'à présent, nous avons examiné les emplacements réservés aux volailles adultes, à celles qui sont en travail et constituent le troupeau de rente. Il nous reste à nous occuper du domaine spécialement réservé à l'élevage. On y a consacré à Bélair, un espace important aménagé dans des conditions très favorables. C'est un verger d'une étendue de 40 ares dans lequel les poussins trouvent de l'ombrage, de l'herbe fraîche, des insectes.

Toutes les douceurs de l'existence, en un mot.

A la suite de ce verger, on a créé de petites cultures, choux, pommes de terre, colza, navets, chicorées. On s'est inspiré, des sages réflexions que nous lisons dans le livre de M. Jacques.

Une seule de ces plantes, est-il dit, suffit à mettre à l'ombre une couvée éclose depuis quelques jours et rien n'est plus joli que de voir ces charmants petits animaux s'ébattre en famille sous un large chou où ils trouvent la fraicheur, tandis que près de là, quelques-uns d'entre eux sont couchés, l'aile ouverte au soleil.

« Lorsque les poulets sont petits ils ne gênent pas le développement des plantes ; mais plus tard quand ils ont grandi comme elles, ils commencent à les attaquer ; c'est alors qu'elles remplissent le but qu'on s'est proposé, celui de ne jamais laisser les poulets manquer de verdure.

« Pendant qu'ils mangent ces plantes, on les voit à chaque instant faire une tournée dans les gazons, qu'ils tondent brins à brins, et souvent le matin, à leur sortie, ils négligent la nourriture qu'on leur offre pour se gaver d'herbe, reviennent manger et retournent aussitôt au gazon. Le grand avantage des pelouses et de toutes sortes d'herbages est de fournir deux des parties les plus importantes de la nourriture, la verdure et les insectes .»

L'organisation du terrain d'élevage à Bélair, ne laisse donc rien à désirer ; mais elle est complétée par la disposition des boîtes à l'élevage sans lesquelles les mères poules, circulant librement avec leurs poussins auraient tôt fait de mettre à sac, sans prévoyance, toutes plantations et verdures.

Sous de petits hangars ouverts au levant, se trouvent placées les boîtes à élevage de forme ordinaire dans laquelle la poule est enfermée. Des barreaux fermant le devant de la boîte la retiennent prisonnière tout en permettant la complète circulation non seulement de l'air et de la lumière, mais encore des poussins qui peuvent à leur gré se tenir près de la poule ou aller au dehors faire leurs promenades.

Ce système d'emprisonnement n'est sans doute pas du goût de la poule, mais aucune d'elles n'y est soumise pendant longtemps puisqu'elles ne restent en boîte que pendant la première enfance des poussins qui leur sont confiés. — Tel est le grand poulailler de Bélair, qui contient environ treize cents volailles dont douze cents poules adultes travaillant à la production des œufs.

POULAILLERS D'ÉLEVAGE

Le poulailler d'élevage doit affecter de toutes autres dispositions que celles que nous venons d'indiquer. — Ici en effet, le but est tout autre.

Il ne s'agit plus de loger d'une manière hygiénique et économique un certain nombre de volailles d'une race unique ou de races différentes qu'on ne craint pas de mélanger. Le but au contraire est de produire une grande variété de races diverses de chacune desquelles on entretient des représentants des types les plus purs.

Les constructions doivent donc être disposées d'une façon entièrement différente. Il est nécessaire ici de procéder avec la plus grande circonspection et la prudence la mieux avisée, car le développement de terrain à occuper pour une certaine quantité de volailles, afin d'éviter la promiscuité et les chances de maladies, ainsi que la nécessité de procéder par installations multiples et détachées les unes des autres, augmentent les risques d'erreurs, de dépenses mal calculées et par conséquent de mécomptes.

Les soins à donner aux volailles nécessitent également de la part du personnel des connaissances plus variées, de la part des patrons une surveillance plus active, car les tendances et les convenances d'une race ne sont nullement celles d'une autre. Il importe d'attribuer à chacune d'entres elles exactement les soins qui lui sont nécessaires.

De même que nous avons décrit un modèle parfait pour le poulailler d'exploitation de même nous en avons un excellent à mettre sous les yeux de nos lecteurs pour le poulailler d'élevage : nous voulons parler de l'établissement de Crosne, dirigé par M. Lemoine.

Voici comment s'exprime M. Lemoine lui-même dans son livre sur l'élevage des animaux de basse-cour, lorsqu'il raconte les débuts de son véritable haras de gallinacées.

— « J'avais vainement cherché des installations convenables pour la volaille et les quelques sujets remarquables que j'avais rencontrés étaient généralement logés dans des poulaillers mal tenus, presque tous relégués dans des endroits abandonnés, humides la plupart et malpropres.

Convaincu que je pourrais réussir avec beaucoup de soins et de propreté, j'ai créé mon élevage en 1872 et je l'ai installé dans une île que forme, à l'extrémité de ma propriété, la rivière l'Yerres.

« Craignant l'agglomération, voulant éviter les épidémies — car plus le nombre des élèves est grand plus les maladies sont à redouter, —j'ai échelonné mes quatre-vingt-cinq parquets sur un parcours de plus d'un kilomètre, la superficie attribuée à chaque parquet variant entre 80 et 500 mètres. »

Comme nous l'avons expliqué, les poulaillers de Crosne ne sont destinés à loger chacun qu'un nombre relativement restreint d'animaux. Ils ont en moyenne 1 m. 50 sur 5 mètres de dimension et contiennent, comme pondoirs mobiles, des boîtes de 30 centimètres carrés environ de superficie sur 12 de haut. Ces poulaillers sont élevés sur piliers à 80 centimètres du sol et les volailles y accèdent par une échelle. De cette façon le dessous du poulailler forme hangar où les animaux peuvent trouver abri contre la pluie et au besoin le soleil.

Chacune de ces petites habitations peut donner convenablement asile à une vingtaine de volailles et comme on évite d'une part de mettre deux coqs en présence l'un de l'autre et que le nombre de vingt poules semble un peu excessif pour un seul coq, le personnel est rarement au complet.

En résumé, dit M. Lemoine, lorsqu'on construit des poulaillers, il faut observer les règles générales : grande aération et propreté scrupuleuse. Les perchoirs seront tous au même niveau à environ un mètre du sol, afin d'éviter les luttes et assauts au moment du coucher (1). »

Il est presque superflu d'indiquer que dans les parcs attenant à chaque poulailler, les poules trouvent de l'ombrage, du sable pour se poudrer et des suppléments de nourriture végétale ou animale sous forme d'insectes dont la recherche leur est très agréable et la consommation très profitable.

Glanons maintenant quelques renseignements toujours précieux dans les paragraphes du livre de M. Lemoine, consacrés au couvoir.

La première année, lisons-nous, je plaçais les couveuses dans une pièce voisine d'un grand poulailler, mais la réussite n'était pas satisfaisante. Je trouvais des œufs cassés ou mal couvés, et après d'assez longues observations, je reconnus que ce désordre était occasionné par le bruit et les chants des coqs et des pondeuses. Ayant installé mes couveuses dans une soupente ménagée dans l'étable, je ne fus pas plus favorisé. Au moment de sortir de leur coquille, la moitié au moins des poussins manquaient de la force nécessaire et mouraient étouffés... .

..... A cinquante mètres de mes grands poulaillers, j'avais une petite maison de garde momentanément inoccupée. J'y transportais les couveuses dans une pièce du rez-de-chaussée un peu fraîche et possédant une cheminée. Cette tentative fut couronnée de succès, sur soixante-douze œufs, il y eut soixante sept poulets, tandis

(1) Nous avons vu qu'à Belair les perchoirs sont établis à 40 cen-timètres du sol. — Nous préférons la hauteur indiquée par M. Lemoine, 40 centimètres n'élevant pas assez les poules au-dessus des miasmes qui se concentrent en bas.

que trois couveuses, laissées faute de place au-dessus de
la vacherie n'amenaient à bien que quinze poussins sur
quarante-et-un œufs, tous fécondés. »

Ne pouvant donner à cette maison l'emploi définitif
de couvoir, et désirant ne faire de dépenses d'installation
à cet égard qu'après s'être complétement édifié sur les
conditions à réunir pour le succès, M. Lemoine continua
ses expériences. S'adressant à l'éducatrice par excellence,
à la nature, il mit en liberté un coq et quatre poules.
L'une choisit pour établir son nid un champ de bette-
caves, l'autre le bord d'un bois, les deux dernières s'éta-
blirent l'une sur un tas de mousse et l'autre dans des roseaux, sous un rocher, au milieu d'un petit bois.

L'amateur de betterave ne fit éclore que deux poussins,
le temps était à la pluie de sorte que la plupart de ses
œufs furent pourris.

Sous bois on ne fut pas plus heureux, deux enfants
vinrent à bien seulement. La mousse non plus ne fut pas
favorable, bien qu'il soit classique de faire un nid dans
la mousse. Il est vrai qu'il faut attribuer l'insuccès relatif
(car il y eux six naissances) à l'indiscrétion de petits insectes qui aussitôt la coquille ouverte s'y introduisaient et
sans plus de façon dévoraient les yeux des petits bécheurs.

Quant à la dame des roseaux elle eut nombreuse lignée,
dix-neuf poussins vinrent à bien, l'un fut écrasé dans le
nid, sans doute par quelque caresse un peu vive, deux
autres œufs étaient pourris.

De cette diversité considérable dans le rendement,
M. Lemoine conclut que pour une exploitation impor-
portante il est préférable d'exciter les poules à se cen-
traliser dans un seul couvoir, mais que ce couvoir doit
autant que possible se trouver dans des conditions voisines de celles de la liberté. Il résolut donc l'édification
de la construction dont nous lui empruntons la description ci-après.

« Au milieu d'un petit bois, dans un endroit éloigné de tout bruit, de tout passage, abrité par de grands arbres, je fis construire une pièce longue de cinq mètres sur deux mètres de large, sol et murs en ciment de Portland. Afin de laisser beaucoup d'air, je ne fis pas remplir les intervalles des chevrons de la toiture en pente. A l'intérieur je plaçai, sur de longues perches, des paniers destinés à contenir de douze à treize œufs...

... Sous un hangar attenant au couvoir, sont des caisses, dans lesquelles, tous les jours à dix heures du matin, je porte les couveuses et où elles trouvent de la nourriture, de l'eau et du sable pour se poudrer. — Chaque panier a un numéro correspondant au numéro du casier...

Dès que l'éclosion est terminée, mères et enfants quittent le couvoir pour les locaux d'élevage. Pendant les mois de février, mars et avril, les jeunes familles sont installées dans un bâtiment divisé en dix-huit compartiments de 1,50 de profondeur sur un mètre de large. Sur la façade antérieure des dix-huit compartiments, sont des ouvertures treillagées à travers les quelles les poussins peuvent aisément passer pour sortir à leur fantaisie. Au-dessus des portes, en remontant jusqu'à la toiture, s'étend un vitrage qui permet à la lumière d'entrer à flots et, de plus, reverbèrant les rayons du soleil, donne à l'intérieur une chaleur douce, analogue à celle d'une serre tempérée. » Telle est l'organisation établie à Crosne pour l'élevage des poussins qui naissent à la fin de l'hiver et au début du printemps.

Pour les couvées d'été, on n'avait pas à se préoccuper au même degré d'assurer l'élévation de la température : bien plus, la trop grande chaleur était à éviter, car les jeunes sujets sont de grands amateurs d'air pur et frais. On a donc simplement recours à des boites d'élevage semblables à celles dont nous avons déjà donné la description.

M. Lemoine, ayant dans sa propriété des avantages tout spéciaux, en a profité pour placer ses boîtes à élevage dans des conditions excellentes. Elles sont disséminées sous les ombrages d'un petit bois et les poussins ont ainsi, mis sous la main, du moins sous la patte, et sous le bec, tout ce qui sollicite leur gourmandise, les amuse et leur est salutaire.

Indépendamment de ces principales conditions que devra réunir un établissement d'élevage de reproducteurs, il sera toujours avantageux d'y entretenir sinon un certain luxe, du moins une élégante simplicité, surtout si l'établissement est élevé près d'un grand centre et si bon nombre des clients ont la facilité de s'y rendre eux-mêmes pour faire leur choix.

Il faut savoir, dans ce cas, parer sa marchandise pour la vendre au mieux. Telle volaille, un peu médiocre d'ailleurs, plaira si elle est présentée dans un parc coquettement aménagé, bien sablé, bien entretenu ; elle paraîtra toute ordinaire si elle est installée entre de vieux treillages en partie délabrés, dans un poulailler douteux. Il est incontestable que le succès de l'élevage de Crosne, est dû, en très grande partie, à la compétence et aux travaux de son propriétaire, mais une bonne part aussi en revient aux agréables détails de l'organisation qui mettent en relief les qualités de la volaille et inspirent aux visiteurs le désir de créer chez eux, ne fut-ce qu'à titre d'ornement, des élevages analogues.

Au point de vue des profits à retirer de cette exploitation, cependant, nous devons faire quelques réserves. Il est assurément tentant lorsqu'on parcourt les catalogues des marchands, de voir que tel ou tel coq, telle ou telle poule peuvent se vendre à eux seuls, plus que plusieurs douzaines de braves poulets sans prétention ; mais il importe de bien calculer ses forces, son savoir, sa patience et de ne pas s'éloigner de l'élevage ordinaire si l'on ne se trouve pas dans toutes les conditions requises pour se livrer avec succès à l'éducation des reproducteurs et des volailles de choix.

Il est vrai que sans élever, à proprement parler, des reproducteurs dont la vente peut être soumise aux différentes influences qui, tour à tour, activent et ralentissent, le mouvement des affaires commerciales, on peut vendre les œufs de race à un prix élevé. C'est ce que feront avec profits ceux de nos lecteurs qui voudront joindre à leurs troupeaux de poules ordinaires, quelques parquets consacrés aux animaux de races pures et bien confirmées. En matière de cultures animales, le succès est toujours proche cousin de la prudence.

CHAPITRE VI

ALIMENTATION

Nous nous sommes occupés, jusqu'à présent, des habitants et des maisons. Le moment est venu de penser à la nourriture. Rien ne sert d'être beau et d'habiter de belles demeures, si l'on n'y jouit d'une table bien servie.

Voici le point le plus important à traiter dans toute étude consacrée à l'élevage des volailles. — C'est sur le chapitre de la nourriture que les erreurs sont le plus graves et peuvent devenir le plus préjudiciables aux intérêts de l'éleveur.

Trop restreinte, elle ne permettra pas aux animaux d'atteindre leur degré de développement possible, de prendre la valeur à laquelle ils peuvent prétendre ; trop abondante, elle inutilisera une partie de la dépense, chargeant la colonne des pertes au détriment de celle des profits. Mal choisie, elle pourra être à la fois et coûteuse et insuffisante.

On voit donc combien il importe de l'appliquer d'une façon judicieuse.

Nous sommes obligés de tracer dans ce chapitre des catégories analogues à celles que nous avons établies dans les chapitres précédents. Cette application constante du même procédé d'étude, peut donner à notre travail une certaine monotonie; mais nous espérons y introduire ainsi plus de méthode et de clarté.

L'étude de la nourriture doit se diviser en deux parties. Nourriture d'entretien et nourriture d'engraisement.

La première partie se subdivise à son tour en nourriture à l'état libre et nourriture au Parc.

La poule est omnivore. Comme on l'a dit du canard, elle fait « ventre de tout, ou peu s'en faut ».

De ce fait, nous avons à déduire une règle de conduite absolue, c'est que le mélange de la nourriture animale et de la nourriture végétale est indispensable à la volaille.

Regardez d'ailleurs vos poules en liberté ; elles nous apprennent elles-même comment il faut les nourrir ; — vous avez grand intérêt à ne pas oublier la leçon et à la mettre exactement en pratique.

Voici des brins d'herbe qui croissent le long des murs, sur les bords du chemin qu'elles parcourent en quittant le poulailler. C'est presque toujours à ce point qu'elles adresseront tout d'abord une visite intéressée. La verdure est, en effet, pour les volailles, une gourmandise de première qualité ; elles mangent l'herbe brin à brin, relevant la tête joyeusement chaque fois qu'elle ont arraché quelque gros morceau, et s'arcboutant parfois sur leurs pattes pour en venir à bout lorsqu'elle se sont adressées à forte partie. Ventre affamé n'a pas de jugement.

Lorsque la verdure aura été ainsi mise à contribution, les mangeuses se préoccuperont volontiers des graines tombées que l'ou rencontre toujours dans les cours même les mieux tenues.

Sans hésitation, elles soumettront à une nouvelle diges tion les grains d'avoines mal digérés par les chevaux ; rien ne se perd ici-bas.

Tout à coup, vous les voyez s'interrompre, alors même qu'elles ont devant elles plusieurs becquées à consommer encore, pour gratter la terre avec une ardeur comique.

L'instinct, l'odorat, l'ouïe peut-être, leur ont signalé qu edu gibier se trouvait à portée, et tant qu'elles n'ont pas trouvé, elles grattent, elles grattent jusqu'au moment ou quelque ver de terre se trouve forcément amené à la clarté du jour, pour être aussitôt, et non moins forcément, replongé dans les ténèbres de l'estomac de nos chasseresses.

C'est donc un repas complet, comprenant viandes, céréales et légumes auquel nous venons d'assister.

Pour se rendre exactement compte de la quantité et de la variété de nourriture qu'il convient de donner aux poules, il faut tout d'abord avoir égard à de leur état de liberté ou de parcage et aussi au but auquel on les destine plus particulièrement soit la ponte, soit l'incubation, soit l'engraissement. Il est bon en effet de préparer la volaille dès son jeune âge au rôle qui l'attend ; elle acquiert ainsi plus rapidement les qualités que l'on veut développer et sur lesquelles se basent d'ailleurs toutes les espérances de l'éleveur.

NOURRITURE DES POULES EN LIBERTÉ

Ici l'intervention de l'éleveur se trouve considérablement simplifiée. Il s'agit principalement de la poule de ferme qui possède une aptitude toute spéciale pour la recherche des aliments. Toutefois, c'est une grave erreur de croire qu'une alimentation vraiment satisfaisante puisse être réalisée dans ces conditions.

Si nous avons constaté dans les premières pages de cet ouvrage la dégénérescence de la race galline dans de nombreuses régions ; si nous avons montré comment cette dégénérescence inspire la pensée de recourir au croisement avec des races étrangères ; si nous avons enfin indiqué les difficultés et parfois les dangers de ces croisements, c'est l'insuffisance de nourriture que nous avons dû signaler comme la cause principale et réellement unique de cette fâcheuse situation. La poule élevée et exploitée en liberté, sortant du poulailler et même de la cour le matin pour n'y rentrer qu'au coucher ne trouve pas la nourriture qui lui est nécessaire ou bien elle occasionne des ravages extrêmement préjudiciables.

Il faut donc de toute nécessité prendre soin de sa nourriture dans une certaine limite.

Elle coûtera un peu, il est vrai ; mais cette faible dépense sera compensée par la plus-value de tout le troupeau.

C'est principalement un peu de graine qu'il conviendra de donner dans ces conditions ; la nourriture animale, sera en effet suffisamment assurée avec le produit des chasses de la poule ; la nourriture végétale, en herbage, se trouve également suffisante et même abondante par sa cueuillette le long du chemin, dans les vergers, etc. — Le supplément de graines produira un excellent effet, sans occasionner, dans une ferme un peu importante, de dépenses bien considérables. Les distributions devront être faites à des heures régulières afin que les volailles s'y habituent et se réunissent en troupeau, ce qui permet de les compter et de constater si les coqs font bien ou mal, leur métier de gardiens et de conducteurs. Quant au choix à faire parmi les grenailles, la principale considération à observer est celle de l'économie ; on donne de préférence ce que l'on a sous la main.

Puisque les poules de cette catégorie sont considérées comme pourvoyant elles-mêmes à leurs principaux besoins, il n'y a pas lieu de parler, à leur égard, des soins et des précautions alimentaires sur lesquelles nous allons avoir à insister dans les paragraphes suivants.

Chacun agit à sa guise. Il importe de bien se pénétrer de cette vérité, c'est que les poules vous rendront en produit ce que vous leur donnerez en nourriture. C'est affaire à vous de calculer ce que valent leurs produits d'après la façon dont vous les vendez et de voir quelle dépense vous permettent les probabilités de la récolte.

POULES PARQUÉES

L'alimentation des poules parquées, contrairement à ce que nous venons de dire pour les poules à demi libres, doit donner lieu aux plus grands soins, à l'expérimentation la plus attentative.

Insuffisante soit en qualité soit en quantité la nourriture laissera péricliter le troupeau; trop élevée en prix elle absorbera une forte partie des bénéfices ou même leur totalité.

L'éducateur devra donc ne laisser à personne le soin de fixer la matière et la composition des rations et il observera sans cesse les effets produits sur ses sujets par chaque sorte d'alimentation.

— Les poules parquées ne demandent pas un autre choix d'aliments que les autres mais plus de variété en toutes saisons. Elles ont surtout besoin qu'on leur apprête des aliments cuits, de la salade, des choux, de l'oseille, des épinards, le tout haché menu afin d'éviter le gaspillage.

Autant la poule se réjouit de la moindre trouvaille faite dans ses excursions vagabondes et intéressées, autant elle a peu de soin d'utiliser ce qu'on lui apporte en abondance.

— Puisqu'on la sert, à quoi bon ménager ?

— Elle est active et travailleuse lorsqu'on la laisse faire, aller et venir, mais elle manque d'ordre, d'économie et de prévoyance quand on la tient de trop près, quand on lui impose une réclusion qui n'est pas du tout de son goût...

D'ailleurs elle s'accommode à peu près de tout. Ainsi les sarclarges frais des jardins lui conviennent. Seulement, pour éviter qu'elle ne les gaspille, on doit les lui offrir par petites bottes, suspendues à sa portée, de façon à ne pas traîner sur le sol. Le trèfle et la luzerne présentés sous cette forme sont toujours bien accueillis.

On peut donner aux poules des résidus de betteraves, provenant des distilleries, l'orge des brasseries, les marcs de raisins, des pommes, des fruits. En patées elle mangera volontiers du son et des racines cuites. Les hannetons, les vers de toutes catégories, sont pour elle des friandises très appréciées, mais il importe de ne pas lui donner une nourriture trop animale parce que la qualité de la chair et celle des œufs s'en ressentiraient.

La poule est omnivore, il ne faut pas l'oublier. Elle sera d'autant mieux nourrie que son alimentation sera plus variée.

Rien que des herbes ou des aliments aqueux ; rien que des graines, rien que des insectes ou des viandes abattues constitueraient un régime également vicieux. Les herbes détermineraient la chlorose et des affections rachitiques. Les graines données exclusivement deviennent par trop excitantes et font naître des irritations inflammatoires très graves ; la nourriture animale donne des produits de mauvaise nature.

C'est un régime mixte qui convient le mieux tout à la fois aux appétits et à la constitution de la poule, qui rend ses produits meilleurs et plus abondants. Elle est omnivore ; laissez-la telle que le Créateur l'a faite

Laissez-la telle que le Créateur l'a faite. — Voici des paroles qu'on ne saurait trop répéter. Si vous avez envie de réussir suivez, améliorez, disciplinez même la nature, puisque telle doit être la raison d'être du travail.

Si vous avez envie d'être battu, luttez contre ses lois.

Aux conseils que nous venons de résumer nous pouvons encore ajouter quelques indications dont chacun de nos lecteurs tirera profit selon les conditions dans lesquelles il pourra se trouver placé.

« Les betteraves crues, dit Madame Millet Robinet, et coupées en morceaux carrés de la grosseur d'un centimètre cube sont une excellente nourriture pour les volailles en général. La première fois qu'on en fait une distribution les poules les regardent puis se décident peu à peu à en picorer quelques morceaux ; elles finissent par les avaler avec avidité...

« Cette excellente nourriture les engraisse beaucoup. Elles mangent aussi volontiers les topinambours, les rutabagas, les pommes de terre crues. Je recommande l'emploi de ces trois dernières racines parce que leur prix est très peu élevé eu égard à la quantité de ces aliments qu'il suffit de mêler à la nourriture ordinaire des poules. »

Tant que ces aliments peuvent être conservés, c'est-à-dire depuis la moitié d'octobre jusqu'à la fin d'avril on peut en donner aux poules deux fois par jour, en y ajoutant un peu de grain.

Les pommes de terre cuites et écrasées seules ou mêlées de son, de résidus de la laiterie ou de lait caillé conviennent également à la nourriture de la volaille et sont très économiques ; elles ont, comme les légumes crus, l'avantage de bien préparer les volailles à l'engraissement, de sorte qu'on peut ensuite les porter à la graisse, moyennant peu de frais.

Est-il possible de rationner exactement la quantité de nourriture qui doit être consommée journellement par chaque tête de volaille ?

Ce sont là des calculs assez séduisants en théorie, mais qui, dans la pratique, entraîneraient, pour leurs trop fidèles observateurs, d'assez sérieux mécomptes. Les auteurs d'ailleurs sont peu d'accord à ce sujet, car l'on remarque, entre les chiffres qu'ils nous indiquent des différences qui ne sont pas moindre de 50 0/0.

A titre de renseignements fort approximatifs, estimez à environ quatre-vingts grammes par jour la quantité de nourriture que doivent prendre les volailles, quantité pesée, la nourriture étant sèche.

« Les quantités de nourriture, dit M. Lemoine, varient,

d'ailleurs, suivant la saison, suivant le climat, suivant même les sujets ; certains consomment beaucoup plus que d'autres, quoique de même race.

« Les poules mangent beaucoup plus pendant la ponte que pendant la mue. Pendant cette phase, il y en a que nous sommes obligés de nourrir spécialement (1), j'excite leur appétit par des pâtées de farine d'orge, de sarrasin, légèrement salées. C'est en soignant quotidiennement les animaux que l'on connaît les quantités qui leur sont nécessaires, quantités qui ne doivent jamais être données en surabondance ; il faut qu'à l'heure du repas, les volailles aient faim ; il faut qu'elles viennent au-devant de la personne qui distribue les rations.

« Il est essentiel que les volailles aient à leur disposition suivant leurs besoins, soit pour la digestion, soit pour la formation du jaune et du blanc de l'œuf, soit pour la formation de la coquille tout ce qui leur est nécessaire ; mais il ne faut pas leur tout mettre à portée ; il est bon de les laisser agir en captivité comme en liberté. Quelles aient le plaisir de la recherche, la réelle satisfaction que procure une trouvaille ardemment désirée et enfin qu'elles aient le bénéfice d'une gymnastique salutaire.

Nous n'avons pas à nous étendre ici sur l'alimentation qui convient pour l'engraissement non plus que sur la nourriture des poussins ; ce sont là des circonstances toutes spéciales, dont nous aurons à nous occuper particulièrement.

(1) Il faut remarquer ici que M. Lemoine élève des animaux de race pure ; que chaque sujet et même chaque œuf constitue une marchandise d'un certain prix et que par conséquent les dépenses de nourriture sont relativement moins importantes pour cet éleveur que pour ceux qui vendent la volaille et les œufs de table.

CHAPITRE VII

RÉSUMÉ DE LA PREMIÈRE PARTIE

Choix des animaux ;

Principes généraux de l'établissement des basses-cours ;

Condition de leur fonctionnement hygiénique ;

Alimentation des adultes ;

Telles étaient les grandes divisions à l'étude desquelles nous devions consacrer la première partie de ce livre.

« Plus j'avance dans la science, disait un illustre savant, et plus je connais que je ne sais rien. » Plus l'on s'occupe avec sollicitude des questions d'élevage et plus l'on comprend que la doctrine doit se plier aux faits. Elle peut servir de guide à qui sait l'interpréter ; mais elle doit s'harmoniser sans cesse avec les conseils de la pratique et les constatations de l'expérience.

Les règles que nous avons tracées, les exemples que nous avons donnés doivent être suivis et observés sans aucun doute, mais il faut avant tout tenir compte des circonstances locales.

Nous nous résumons :

Pour élever un nombre important de volailles il est indispensable de leur fournir un logement assez vaste, et tenu avec une rigoureuse propreté. Sans quoi la na-

talité est beaucoup plus faible et la mortalité beaucoup
plus grande ce qui, comme dit le proverbe « brûle la
chandelle par les deux bouts.

Devons-nous donc pour cela, dans une ferme, faire venir
maçors et menuisiers et établir des constructions spéciales,
assez coûteuses ?

En principe non.

Mais ce poulailler que vous avez, ne saurait-il être amé-
lioré ? Il est obscur, et lorsque la porte est close, on n'y voit
goutte. Il a bien une ouverture mais elle est située au
Nord.

Or les poules ont besoin tour à tour d'obscurité et de
clarté. Un volet à cette fenêtre, que vous fabriquerez
aisément en joignant deux planches permettrait d'augmenter et de diminuer tour à tour l'intensité de la lumière.

En perçant la muraille d'une seconde ouverture vers le
levant, vous pourriez au besoin établir un courant d'air
pour chasser les miasmes ; la dépense serait-elle considérable ? Assurément non, si vous êtes tant soit peu ouvrier,
ou si quelqu'un de la ferme est adroit de ses mains,
condition indispensable de la bonne tenue à peu de frais
d'un intérieur rural.

Quelques coups de pioche ; quelques coups de rabot
ou de marteau et le poulailler qui était noir, qui était
humide peut-être faute d'air, devient clair et bien aéré.

Cette porte que vous ouvrez toute grande n'est pas
commode. Afin de laisser aux poules la facilité de sortir
et de rentrer à toute heure, vous la maintenez forcément ouverte. Cela peut avoir des inconvénients en laissant pénétrer trop de froid, ou trop de lumière ou trop de
bruit dans le poulailler. D'autre part quand vous l'ouvrez,
la volaille se précipite en masse pour sortir, et dans cet
effarouchement, les plus forts culbutant les plus faibles, il
peut se produire des blessures, légères, sans doute, mais

qui empêchent les victimes de profiter... et cela au détriment de qui, si ce n'est de vous-même?

Est-ce grande affaire, dans un moment de loisir, de
mettre cette porte hors gonds, de tailler dans le bois une
petite ouverture que vous fermerez soit par une planchette à coulisse, soit par une petite porte à charnières et
à crochet. Point n'est besoin d'aller acheter cette char-
nière ; si vous en manquez, deux petits morceaux de cuir,
cloués, en feront parfaitement l'office.

Par cette petite ouverture la volaille sortira une à une,
en ordre. Vous laisserez ce guichet ouvert du matin jusqu'au soir sans plus vous en occuper.

Poules de sortir et entrer à leur guise sans avoir besoin
de demander permission ni de déranger personne.

Les murs de ce poulailler, depuis longtemps imprégnés
de miasmes, sont presque noirs.

Un débarbouillage à l'eau de chaux de temps à autre,
ne coûterait guère et asssainirait grandement l'atmosphère.

Voici un juchoir à l'ancienne mode, sorte d'échelle dont
les hauteurs, ainsi que nous l'avons expliqué et que d'ailleurs tout propriétaire de volailles le sait, sont l'objet de
bousculades et même parfois de combats. Toutes les personnes compétentes, qui ont observé, déclarent que ce
système est mauvais ; que si la poule a l'habitude de se
percher, elle aime à le faire sur un perchoir assez large
pour qu'elle puisse en quelque sorte s'y accroupir.

Nous n'allons assurément pas chercher le menuisier
pour qu'il débite des pieux, fasse des raccords, des
jointures et en fin de compte une facture qu'il faudra
payer. Mais non. Il suffira dans la plupart des cas de
mettre à bas ce juchoir défectueux.

Si les barreaux, les perches qui le composent sont assez
volumineux pour que les pattes de la poule puissent s'y
poser et s'y fixer sans être obligées à une crispation cons-

tante, contentez-vous de le rétablir d'une manière horizontale en l'exhaussant à environ cinquante centimètres, un peu plus un peu moins selon que vous trouverez plus de commodités pour l'installer.

Si les barreaux sont trop minces, au contraire, il sera facile de les remplacer. Des montants de vieilles échelle feraient dans ce rôle là, excellente figure. On prend ce qui vient sous la main, le tout est d'en faire usage avec intelligence.

Et voilà un juchoir excellent.

Sur le sol humide, il est difficile d'enlever les excréments, ce nettoyage demande beaucoup de temps, pour être bien exécuté, et comme la fille de ferme n'en a guère elle fait avec négligence le ménage des poules.

Aussi celles-ci attrapent des maux de pattes, qui proviennent souvent d'un long contact avec les fientes; une mauvaise odeur règne dans leur habitation. N'y a-t-il donc pas dans le grenier des balles d'avoines, des brisures provenant du battage dont on peut de temps à autre jeter quelques pelletées sous le juchoir, à l'endroit où naturellement les excréments doivent s'amasser. Cette précaution adoptée, il deviendra facile de procéder au nettoyage et l'engrais pourra se récolter plus aisément.

Nous savons que la volaille aime à se poudrer. Elle peut le faire tout à loisir dans ses promenades dira-t-on.

Il y a toujours dans les cours quelques coins où le sol sablonneux lui permet cet agréable et utile exercice. Il est vrai. Mais on a tout avantage, alors même que les poules sont laissées en liberté à grouper dans les environs de leur domicile les commodités de leur existence. Une boite plate, deux planches disposées dans l'encoignure d'une muraille, si l'on ne dispose pas d'une boite commode, avec des cendres de foyer et voilà une table de toilette parfaitement organisée; vous verrez la

5.

volaille y venir chaque jour et se baigner en quelque sorte dans la cendre.

Qu'est-ce que cela coûte?

Nous disions qu'il est bon de procurer à la poule, dans les environs immédiats du poulailler, les commodités qui conviennent à sa nature.

En ce qui concerne les pondoirs, tout spécialement il faut avoir égard à cette utile recommandation.

Mal installée pour pondre chez elle, une poule est toujours tentée de pondre au dehors, ce qui complique la recherche des œufs et souvent en cause la perte.

On le sait la liberté qui nous gêne, c'est la licence. Que les pondoirs soient facilement assemblés, placés autant que possible au fond du poulailler afin que le mouvement des poules qui entrent et sortent ne dérange pas les pondeuses dans le cours de leur intéressante occupation.

On a souvent l'habitude d'installer les couveuses dans les écuries et dans les étables. Le motif en est que la chaleur des animaux paraît favorable. Nous avons vu qu'à l'élevage de Crosne on avait expérimenté cette pratique et que les résultats n'en avaient pas été satisfaisants. Qu'en conclure! C'est que pour les couvées très précoces il pourra être bon de se préoccuper de la température de la pièce d'incubation, mais que pendant les mois tempérés et chauds, il importe avant tout d'assurer la bonne aération de l'asile des couveuses.

N'est-il pas aisé, sans construire un couvoir spécial, de consacrer quelque pièce écartée, pas trop grande, pourvue d'une cheminée pour l'aération; des paniers le long des murs faciles à nettoyer voilà les nids qui conviennent assurément alors qu'ils ne seraient ni de mêmes dimensions ni de mêmes modèles.

Voici toute une série d'améliorations matérielles qui en définitive ne coûtent rien ou presque rien puisque vous pouvez les exécuter le plus souvent sans débours directs et qu'elles serviront à de nombreuses générations de volailles, la dépense se répartissant ainsi en frations de plus en plus infinitésimales.

Les résultats que vous obtiendrez auront d'ailleurs rapidement leur récompense. Votre troupeau se trouvera en bon état. Peu à peu la ponte deviendra plus active, vos jeunes poulets seront prêts à vendre plus tôt que par le passé et, par conséquent arriveront sur le marché dans de meilleures conditions, se vendront à des prix plus avantageux ; vos vieilles poules elles-mêmes à la condition qu'elles ne soient pas trop vieilles et que vous ayez le bon esprit de les réformer avant leur cinquième année, vos vieilles poules disons-nous seront encore à même de faire bonne figure ; elles seront bien en chair, pas coriaces et fourniront d'excellentes volailles pour votre table ou pour la vente. Pourtant vous n'aurez rien livré à l'imprévu, vous n'aurez couru aucun risque ; si votre bourse s'ouvre ce sera seulement pour recevoir.

Et c'est là le problème à résoudre comme disent les mathématiciens.

Pour l'organisation des établissements avicoles, nous n'avons rien à résumer ; les personnes qui s'adonnent à cette industrie ont besoin de se livrer à des études très approfondies et notre ouvrage tout entier n'est lui-même qu'un résumé à peine complet.

Mais nous pouvons encore, pour les poulaillers d'amateur de dimensions modestes grouper de très utiles indications.

Le poulailler d'amateur est, avant tout, objet d'agrément, d'ornementation ; il doit en même temps fournir à la cuisine de la maison au moins les œufs frais nécessaires et une partie des poulets.

Ici il ne s'agit pas d'établir un compte exact entre la dépense et la recette. On peut donc se permettre un peu de luxe et de confortable tout au moins et faire bénéficier les volailles d'une excellente nourriture.

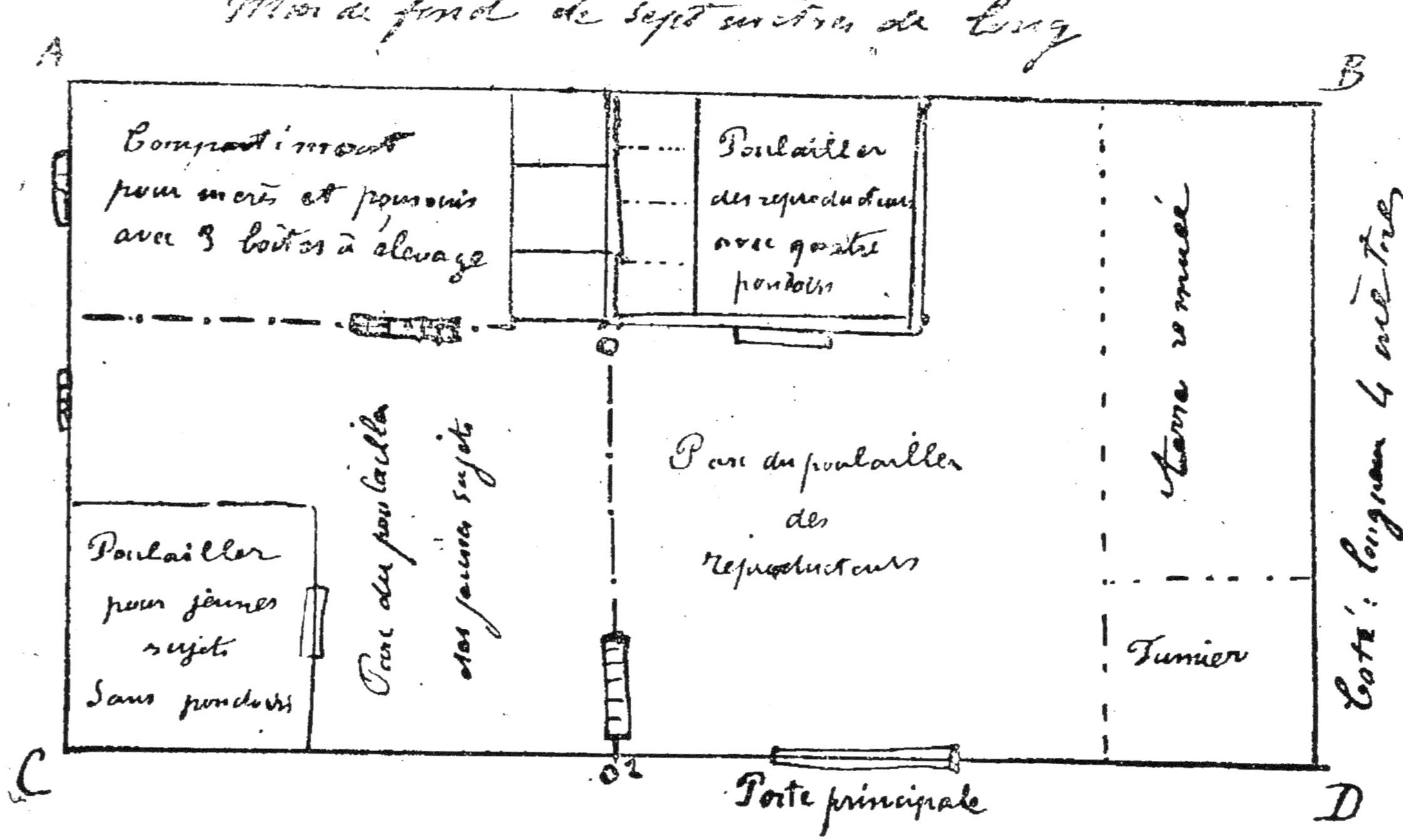

PLAN D'UN POULAILLER D'AMATEUR

Pensez à leurs bouches puisqu'elles travaillent pour les votres.

Le poulailler d'amateur sera donc généralement construit de toutes pièces.

Nous recommandons les dispositions suivantes que l'on concevra aisément en suivant la description à l'aide du plan que nous avons dressé. Ceux de nos lecteurs et ce sera le plus grand nombre dont les installations seront depuis longtemps faites pourront peut être y trouver quelques indications utiles et modifier sans grands frais telle ou telle partie de leur basse cour.

Supposons un mur de fond convenablement exposé, c'est-à-dire tourné vers le levant.

Nous avons au point A et au point B des pieux de deux mètres cinquante de hauteur au-dessus du sol qui seront maintenus solidement contre la muraille. Ces deux pieux sont éloignés l'un de l'autre de sept mètres environ.

Au point C et au point D nous établissons également des pieux de même dimension que les précédents à quatre mètres de la muraille. La superficie de terrain comprise entre ces quatre points est donc d'au moins sept mètres de long sur quatre de large ce qui donne vingt-huit mètres carrés. On voit donc que nous ne nous basons pas sur un terrain de bien grande dimension, afin que notre plan soit exécutable dans les domaines même les plus modestes.

Passons en l'inspection rapide; la porte principale P donne accès dans l'intérieur de l'enclos. Devant nous, adossé au mur, nous voyons le poulailler principal élevé sur pieux à soixante centimètres de terre environ et mis en communication avec le sol par une échelle. La porte est naturellement au levant. Dans l'intérieur du poulailler nous voyons les pondoirs composés de paniers mobiles ou mieux encore de petites caisses en bois.

Le poulailler peut se construire en ciment, ou plus facilement en bois

On reproche au bois de faciliter le développement des mites; mais au moyen de la peinture en couche suffisamment épaisse et de lavages de propreté le bois est tout aussi convenable ; vous aurez ainsi plus de facilités pour construire vous même.

Les dimensions du poulailler peuvent être de un mètre cinquante de profondeur sur un mètre quatre-vingt de long.

La toiture se fera facilement en chaume. On y ménagera une petite ouverture pour l'aération. Du point O que nous prenons sur l'angle du poulailler nous établissons dans la direction de o^2 un treillage de séparation élevé de deux mètres, dans lequel nous ménageons une porte de telle façon que l'enclos se trouve séparé en deux parties inégales. A droite en entrant se trouve un cadre en planches destiné à contenir du fumier que l'on renouvellera chaque jour de manière à ce que les volailles aient toujours à leur disposition de la chaleur pour leurs pattes et quelque nourriture de fantaisie. A la suite de la planche au fumier que nous organiserons absolument comme une couche, nous avons une plate-bande de terre fraichement remuée sur laquelle on pourra déposer les insectes, vers, hannetons et autres débris que les volailles aiment à rechercher et à trouver dans le sol.

Le petit hangar, formé par le plancher du poulailler est fermé au fond par la muraille et à gauche par un petit mur en briques qui remplit le cadre formé par le sol, le mur de fond, le dessus et le pilier O du poulailler.

On y placera la boite aux cendres qui se trouvera ainsi à l'abri du mauvais temps et qu'il faudra avoir grand soin d'alimenter car dans le petit espace réservé comme promenoir, les volailles trouveront peu de facilités pour se poudrer à leur aise.

L'inspection de cette partie de la construction est achevée.

Nous gagnons maintenant la seconde partie de l'enclos ; vers votre droite, sous un petit hangar ou simplement un appentis adossé à la paroi de côté du poulailler, sont placées trois boites à élevage ; elles seront mobiles car il y aura avantage à pouvoir les transporter en dehors de l'enclos, sur une pelouse par exemple. Dans l'angle C nous trouvons un second poulailler construit d'après les mêmes principes que celui dont nous venons de donner la description, formant également hangar en dessous, mais ne renfermant pas de pondoirs.

Le poulailler n° 1 est destiné au troupeau permanent ; nous y placerons dix poules et un coq qui y vivront à l'aise. Ils y trouveront toutes les commodités de l'existence et s'y porteront à merveille.

Dans le second compartiment prendront place les poussins sous la conduite des mères. Lorsque celles-ci pourront abandonner leurs couvées elles seront de nouveau placées dans le premier compartiment, tandis que leurs poussins devenus petits poulets occuperont le poulailler n° 2 qui leur est réservé. Une plate bande de terre retournée et un cadre à fumier peuvent également être établis dans des conditions analogues, à celles du grand compartiment, avec des dimensions un peu plus restreintes ; les jeunes volailles en useront avec plaisir.

En se conformant à peu près à ces presceptions, on aura une organisation pour le troupeau premenant et une pour le troupeau de passage qui seront également satisfaisantes. Il va sans dire que si l'on peut augmenter un peu les dimensions que nous avons indiquées les volailles ne s'en trouveront que mieux. Le point important que nous avons tenu à souligner, c'est la nécessité de séparer les volailles à garder pour la reproduction et la ponte, des jeunes sujets destinés à la vente ou à la cuisine. On remarquera que nous n'avons pas indiqué la place du couvoir. C'est que pour une si petite exploitation, il nous semble plus pratique de placer les couveuses dans un local quelconque choisi d'après les indications générales que nous avons données plutôt que de faire les frais d'une construction particulière. Les couveuses seront particulièrement bien installées si vous avez un coin de serre à leur consacrer, en posant simplement leur panier sur des planches. Ce sera mieux encore, au point de vue de la tranquillité de l'incubation, si vous installez, à l'aide desdites planches quelques casiers de façon que les couveuses ne se voient pas entre elles. Convenablement peuplé avec des volailles de bonnes espèces suffisamment nourries, ce petit domaine d'aviculture vous donnera des résultats satisfaisants sans que les soins à y consacrer absorbent plus de temps qu'il peut être agréable d'en accorder à un travail constituant en définitive, pour qui vit à la campagne, un véritable délassement.

DEUXIÈME PARTIE

CHAPITRE PREMIER

REPRODUCTION

Il faut apporter le plus grand soin dans le choix des reproducteurs afin de confier ce poste d'honneur seulement aux plus dignes. Dans les troupeaux d'exploitation ordinaires, le seul procédé pratique que l'on puisse appliquer au choix des reproducteurs, consiste notamment à n'employer que d'excellents coqs. Comme ces animaux doivent être en nombre restreint dans la basse-cour, il sera toujours facile de se procurer ou de choisir parmi le produit des couvées quelques individus ayant à un haut degré les qualités qui l'on recherche.

Pour les poules le travail sera évidemment plus délicat en raison de leur grand nombre ; il n'est cependant pas impossible avec un peu d'attention, de mettre à part pour les faire couver les œufs des bêtes les mieux conformées, ayant le plus d'aptitudes. Cette sélection intelligente améliorera la masse de la population d'une façon assez rapide.

Or nous avons déjà clairement indiqué que les améliorations progressives sont les moins coûteuses et les plus sûres.

D'une manière générale les qualités que doivent posséder les reproducteurs sont le poids, le volume, la blancheur, la finesse de la peau. On préférera les poules qui pondant les plus gros œufs, les coqs les plus ardents.

Voici quelques observations que nous relevons dans le livre de Madame Millet Robinet et qui nous paraissent résumer exactement les principes à observer dans le choix des reproducteurs mâles.

« C'est d'eux surtout que dépend le succès des couvées. Avec un bon coq on n'aura presque pas d'œufs clairs; avec un mauvais presque tous les œufs seront clairs. — Un coq doit avoir l'œil très vif, le regard et le port effrontés, le plumage abondant et de nuances très éclatantes; le bec gros et court, la crête riche et d'un brun rouge ; les pattes armées de vigoureux éperons. Il doit être ardent à caresser les femelles ; aussitôt qu'il trouve quelque chose à manger, il doit les appeler et partager sa trouvaille ; il doit s'occuper le soir de les rassembler pour les faire rentrer au poulailler et se débattre avec beaucoup de force lorsqu'on veut le saisir ; il doit chanter souvent et être toujours prêt à défendre les poules. S'il est timide et doux il ne vaut rien.

La poule bonne reproductrice doit avoir dans le caractère la douceur qui manque à son époux. Elle sera bien emplumée, avec un bassin large et l'abdomen gros, richement garni de plumes ; elle doit s'occuper constamment à chercher de la nourriture et témoigner une extrême tendresse pour les poussins. Trop farouche, trop brusque, elle casserait des œufs pendant l'incubation ou écraserait les petits pendant les premiers jours de leur existence.

Lorsqu'on désire des aptitudes spéciales à l'engraissement, on choisira les poules ayant la huppe abondante, la crête volumineuse, les pattes noires, bleuâtres ou rosées, les os légers, la peau blanche et fine.

Les bonnes pondeuses se reconnaîtront d'ordinaire aux signes suivants :

Les oreillons d'un blanc mat, la crête et les barbillons rouges ; les plumes qui entourent le croupion touffues, longues et pendantes.

Les bonnes couveuses auront le corps trapu et bas sur pattes; le plumage du croupion bien développé; les cuisses garnies de plumes légères et abondantes.

Telles sont les observations qu'il convient de faire pour les reproducteurs en général.

Il est évident que si vous voulez avoir des reproducteurs d'une race spéciale, soit que vous exploitiez des parquets d'élevage, soit que vous désiriez effectuer des croisements, il faudra exiger de ces animaux, à un haut degré, tous les caractères distinctifs de leur race. Acheter des reproducteurs est toujours facile, maintenant que nombre d'éleveurs ont embrassé cette partie assez lucrative de l'aviculture. Mais acheter à des prix abordables des sujets réellement purs, d'abord, et ensuite, distingués, c'est beaucoup moins facile qu'on ne le pense.

Vous n'avez pas toujours à votre porte l'occasion d'acheter les volailles que vous désirez.

Sur la foi des annonces, ferez-vous venir des sujets qui, d'après le vendeur, sont doués de toutes les qualités nécessaires, et même de quelques autres par surcroît? Reconnaîtrez-vous aisément, à l'arrivée, le léger indice qui sépare un métis réussi d'un véritable pur sang?

Si, pour ne pas débourser les prix élevés auxquels atteignent souvent les étalons, vous préférez acheter des œufs à couver, vous êtes encore exposé à plus de méprises. Si vous êtes suffisamment connaisseur et si vous avez affaire à un fournisseur instruit lui-même et honnête, vous arriverez, choisissant des animaux adultes, à vous procurer des sujets satisfaisants; mais avec des œufs, quelle garantie posséder à cet égard? Admettons qu'ils proviennent réellement de sujets pur sang, tel qu'il vous est annoncé; il est naturellement impossible de prévoir, d'estimer d'avance les qualités individuelles des volailles qui en naîtront, et ce sera le cas ou jamais de procéder parmi celles-ci à une sélection sérieuse. Vous pourrez admettre, sauf défauts spéciaux trop accentués, toutes ces poules à la reproduction, puisqu'elles seront toujours tout au moins d'une bonne valeur moyenne; mais, pour mettre à part les animaux d'élite que vous destinez à jouer véritablement un rôle actif dans l'œuvre d'amélioration de votre troupeau, l'observation la plus minutieuse et la plus attentive sera toujours nécessaire.

Sauf ces précautions, qui seront d'autant plus urgentes que l'on possède une plus grande variété de races, l'intervention de l'éleveur dans l'œuvre de la reproduction est en somme des plus limitée. En donnant une alimentation aussi forte que possible au début de la saison des amours, c'est-à-dire à la fin de l'hiver; en assurant aux volailles de la tranquillité; en proportionnant convenablement le nombre des poules au nombre et à la force des coqs; en n'employant des reproducteurs ni trop jeunes ni trop vieux, on aura fait tout le possible.

INCUBATION

Une devinette bien connue dit : Le premier œuf a-t-il donné naissance à la première poule ?

Est-ce au contraire la première poule qui a donné naissance au premier œuf?

Question encore irrésolue.

Nous avons dû, quant à nous, commencer par la poule avant d'arriver au poussin. Placer les parents avant les enfants est d'ailleurs entièrement conforme aux convenances. Et cependant, quelle que soit pour l'éleveur l'importance des sujets adultes, celle des nouveaux-nés est encore plus considérable, puisque la grande difficulté de l'élevage consiste dans leur bonne arrivée à la vie et dans leur défense contre les dangers des premiers temps.

Les parents sont choisis, nous les avons mariés avec

tous les soins désirables, nous inspirant de cette pensée qu'il faut des époux assortis dans les liens du mariage; nous leur avons construit, en harmonie avec la position sociale de leurs propriétaires, des demeures convenables. Le moment est venu de nous occuper des naissances et de voir comment les générations nouvelles arrivent à remplacer celles qui vieillissent chaque jour.

C'est de l'incubation naturelle dont nous devons nous occuper tout d'abord. Elle reste et restera toujours le mode le plus employé, et, d'autre part, les personnes qui s'adonnent à l'incubation artificielle ont besoin de connaître et d'avoir pratiqué, de la façon la plus minutieuse, l'incubation naturelle. C'est en s'en inspirant, en effet, qu'elles peuvent se guider dans l'emploi des machines.

Suivons donc dans sa marche une période d'incubation dans une couvée de quelque importance; quel que soit d'ailleurs le nombre des couveuses en travail, les soins à donner seront exactement les mêmes, car ce sont des soins complètement individuels. Les seules attentions qui intéressent la totalité des poules mises ensemble à couver, ont trait seulement à l'aération, à la température, aux dimensions convenables des couvoirs.

Dès que les premières poules manifestent l'intention de couver, il faut préparer immédiatement le local qui leur est réservé. Dans les paniers, on disposera des œufs d'essai destinés à éprouver les poules, à permettre de voir si leur envie de couver est bien confirmée et, de plus, si elles se comportent en bonnes couveuses. Ces incubations préparatoires n'auront qu'une courte durée et seront rapidement remplacées par l'incubation définitive. De préférence on attendra, pour mettre dans les paniers les œufs destinés à éclore, qu'un certain nombre de couveuses soient prêtes à entrer définitivement en fonctions. Au besoin on ajournera les retardataires, car leur indiscipline, leur mauvaise tenue, pourraient déranger leurs compagnes couvant depuis plusieurs jours.

L'incubation peut avoir lieu dans des paniers de toutes formes; mais, au choix, nous préférons des paniers rectangulaires, dans lesquels les poules seront obligées de conserver toujours la même position; ces paniers seront munis de couvercles et à claire-voie, pour assurer la libre circulation de l'air.

On place souvent les paniers presque sur le sol, dans la pensée que les poules puissent en sortir seules, afin de prendre la nourriture qui se trouve mise à leur portée. Il est certain qu'à l'état de nature le nid de la poule n'est pas installé dans les arbres et que la couveuse doit, d'elle-même, quitter son poste et le reprendre, afin de vaquer à la satisfaction de ses besoins. Mais, si disposés que nous soyons à conseiller toujours les pratiques naturelles, nous n'approuvons pas cette disposition. La poule qui couve en liberté n'a pas de voisines dont le bavardage, les mouvements, l'aspect seul, peuvent lui causer des distractions.

Elle est toute à son œuvre.

La poule au couvoir ne se trouve pas dans les mêmes conditions. Elle est en compagnie, parfois nombreuse. Si régulières qu'elles soient dans leurs habitudes, il est peu admissible que toutes les couveuses se lèveraient exactement à la même heure. Il y aurait donc dans le couvoir des moments de trouble très grands.

De plus, certaines bêtes resteraient trop longtemps en promenade, tandis que d'autres ne se lèveraient pas, ou retourneraient sur leurs œufs au bout d'un trop court laps de temps.

Enfin, il résulterait assurément de la libre circulation des couveuses des querelles et de rapides batailles, dans lesquelles les œufs courraient les plus grands dangers.

A tous ces risques, il faut couper court en enfermant dame poule.

Les paniers seront déposés sur des planches à environ

cinquante centimètres du sol, de façon à se trouver à portée des personnes de toute taille et même des enfants. Si la superficie du couvoir le permet, on évitera de placer deux rangées de paniers superposés; cependant, si l'on devait adopter cette disposition, il faudrait placer à très petite distance du sol la première rangée, de façon à ce que la rangée supérieure restât très facile d'accès.

Après avoir disposé les couvées et les paniers à incubation, il faut procéder à l'installation des mues pour le repas des couveuses. Communément on se sert de mues en osier qui ont la forme d'une coupole, d'un abat-jour et même d'une sorte de crinoline, telle qu'en portaient, sous le nom de paniers, les belles dames d'autrefois. Mais lorsqu'on doit nourrir en même temps un nombre un peu important de couveuses, il devient nécessaire d'abréger, de simplifier autant que possible la distribution des repas, tout en mettant à table au même moment le plus grand nombre de couveuses. Il ne faut pas oublier en effet que, comme cela arrive parfois dans les restaurants très fréquentés, des affamés attendent pour prendre place que ceux qui mangent aient achevé leur repas. Or, il faut éviter aux couveuses tout motif d'inquiétude et d'impatience.

Il y aura donc tout avantage à remplacer les mues en osier par des mues en bois, qui pourront d'ailleurs être établies dans des conditions entièrement économiques.

La mue en bois, en effet, est une caisse allongée, divisée en autant de compartiments qu'on veut y placer de volailles à la fois. Sur le dessus de la caisse se trouvent ménagées des portes par lesquelles l'on introduit et l'on retire les poules. Le devant est à claire-voie; à travers les barreaux écartés, la poule doit pouvoir passer facilement son cou pour prendre la nourriture et la boisson placées devant elle dans des augettes en bois, ou mieux encore en terre. La mue n'a pas de fond; les pattes des volailles posent donc directement sur le sol. On y maintiendra toujours une certaine quantité de sable sec destiné au poudrage, opération de toilette qui est encore plus indispensable aux poules lorsqu'elles couvent que dans leur vie habituelle.

Ces dispositions prises vous pouvez placer vos couveuses sur le panier d'essai.

Il est facile de reconnaître dans votre troupeau les poules qui manifestent le désir de couver. Elles l'annoncent en général par un cri spécial que rendent à peu près les deux syllabes cloc-cloc; elles demeurent plus longtemps sur le nid pour pondre leurs derniers œufs; se hérissent lorsqu'on s'approche d'elles et en fin de compte restent sur le nid.

Lorsque l'essayage a permis de constater que les poules sont réellement disposées à couver, on retire des paniers les œufs d'essai et on les remplace par les œufs définitifs. L'échange se fera pendant le moment du repas de façon à ce que la couveuse ne puisse s'en apercevoir.

Ceci fait, moins vous resterez dans le couvoir mieux cela vaudra. De temps à autre un coup d'œil de surveillance pourra avoir sa raison d'être, mais il faudra éviter avec la plus grande attention d'aller visiter les poules dans les paniers.

Nous empruntons à M. Ch. Jacques deux pages excellentes sur le repas des couveuses.

« Supposons, dit-il, que l'on soit en pleine couvaison et que vingt-quatre couveuses fonctionnent. Une demi-heure avant la sortie des poules, la mue aux repas est visitée et la nourriture est distribuée de façon à ce qu'en arrivant chacune trouve son repas servi et ne soit exposée à aucune impatience. »

Tous les écrivains insistent sur cette nécessité de ne pas impatienter les poules.

Le roi Louis XIV arrivant un jour sur le perron du château, au moment même où sa voiture légèrement en retard, s'arrêtait, s'écria, dit-on : j'ai failli attendre.

Et les courtisans de s'indigner et les cochers d'être mal à l'aise.

La poule est reine sur ce point. Bonne, mais pas de patience.

« Quand tout est en ordre, on entre dans le couvoir — il faut pour bien faire être deux, une personne expérimentée et, au besoin un enfant pour servir d'aide.

On ouvre le premier panier, on saisit la poule, puis on la passe à l'enfant qui la porte dans la cage de la mue. »

L'éminent écrivain auquel nous empruntons cette description a donné ici le conseil de placer sur les œufs un morceau de laine pendant l'absence de la couveuse. Nous ne sommes pas de cet avis. A l'état libre la poule qui se lève du nid ne couvre pas les œufs pendant son absence, précaution qu'elle pourrait prendre cependant à l'aide de pailles, d'herbes, de feuilles ou autres matériaux à sa disposition. Or, si les œufs placés en plein air ne sont pas recouverts pendant les absences de la couveuse, quel motif aurait-on de recouvrir les œufs abrités dans un couvoir dont la température devra toujours être modérée. — L'œuf, au contraire, a besoin d'air ; nous aurons d'ailleurs à revenir sur cette importante question de la respiration des œufs, en nous occupant de l'incubation artificielle.

Cette réserve faite, reprenons notre description.

« Lorsque toutes les cases de la mue sont occupées, il faut surveiller les mangeuses. Quelques-unes sont si ahuries qu'elles ne bougent pas d'où on les a posées et ne mangeraient pas si on ne les secouait un peu, au moins les premiers jours. Il arrive même que certaines ne mangent pas à travers les barreaux. Mais le cas est rare. On leur jette alors du grain dans l'intérieur de la cage.

Pendant le repas il est nécessaire de visiter les paniers pour s'assurer que les poules n'ont pas fienté ou qu'un œuf ne se trouve pas cassé par quelque maladroite. Dans ce cas, on retire les œufs, qu'on place doucement dans un panier préparé à cet effet. On nettoie le nid, le refaisant complétement s'il y a lieu, puis on replace les œufs. En cas de bris d'œuf, on soulève le panier pour voir si le contenu de l'œuf cassé n'aurait pas passé à travers la paille.

Quand la première poule est restée hors du nid environ vingt minutes — quelques minutes de moins par le temps froid et quelques minutes de plus par le temps chaud, — elle est reprise par l'aide et remise au principal opérateur. La poule est placée sous le bras, la tête en arrière, mais jamais en bas. On visite les pattes et s'il s'y était attaché de la fiente on les nettoie avec un torchon.

Pendant que la poule est visitée et replacée, l'enfant en apporte une autre et ainsi de suite jusqu'à ce qu'elles soient toutes remises à leur poste. Lorsque tout est terminé, on change la mue de place ; les fientes sont ramassées, les augettes nettoyées et rangées. On balaye le terrain et les environs, en maintenant le sol de la mue très plat et sans enlever le sable qui devra toujours conserver une bonne épaisseur.

Il ne faut pas s'effrayer des œufs cassés à moins que cet accident n'arrive trop fréquemment à une même poule. Dans ce cas, il faudrait mettre la maladroite à la porte et la remplacer par une autre. Aussi sera-t-il toujours prudent d'avoir, sur des œufs d'essai, des couveuses de rechange. Une poule peut aussi mourir sur ses œufs. On les donne alors à une de ces couveuses.

Souvent même lorsqu'il ne fait pas très froid, ils pourraient être utilement couvés après avoir passé à l'air un temps assez long, quelquefois une journée (1).

(1) Notons ici que cette observation de M. Jacques s'accorde mal avec la recommandation de couvrir les œufs pendant la courte absence de la poule. Si le moindre refroidissement pouvait être fatal

MIRAGE DES ŒUFS

Au bout de quelques jours d'incubation, on devra s'assurer de la fécondité des œufs, au moyen du mirage. Il existe pour cette opération une lampe spéciale ; mais outre qu'elle est d'un certain prix, une personne un peu expérimentée arrive facilement à mirer à la main avec autant de sûreté et plus de rapidité.

Voici comment on procéde. Dans la porte du couvoir on pratique un jour, en forme de rainure d'une hauteur de quinze centimètres sur trois de large. Cette ouverture ne doit pas être exposée directement au soleil.

Le onzième jour on procède à l'opération du mirage en présentant l'œuf à la fente. Voici quels sont les signes auxquels on reconnait la situation de l'œuf.

L'œuf peut être fécondé et l'embryon vivant, c'est-à-dire se trouver dans toutes conditions voulues pour éclore.

Il peut être clair, ne contenant aucun germe et ne pouvant en conséquence donner la vie dont il n'a pas reçu le principe.

Il peut enfin avoir été fécondé, mais ne plus contenir au moment du mirage qu'un embryon mort depuis le début de l'incubation.

Dans le premier cas l'œuf sera opaque à l'exception d'un petit emplacement situé vers la pointe et nommé la chambre à air.

Si l'embryon est mort l'œuf sera trouble.

S'il n'y a pas fécondation il sera tout à fait transparent.

comment supposer qu'un refroidissement de longue durée pourrait ne pas l'être. Tout donne lieu de penser que ce n'est qu'après une période relativement assez longue que le germe ou le poussin peut souffrir du refroidissement.

Lorsqu'on emploie la lampe à mirer ou que la lumière est assez vive on distingne très clairement le germe, sous la forme d'un point noir nageant dans le liquide et entouré de filaments.

Les œufs contenant des embryons morts, ainsi que les œufs cassés sont retirés des paniers et l'on complète avec des œufs fécondés le chiffre d'une douzaine environ par panier.

De telle sorte qu'après le mirage, un certain nombre de poules peuvent n'avoir plus d'œufs à couver ; il faut alors leur donner de nouveau des œufs d'essai choisis parmi les œufs clairs sur lesquels on inscrit un signe de reconnaissance. Ainsi trompée la poule attend sans se décourager une nouvelle série de couveuses ; d'ailleurs, sans même s'en tenir à ce procédé, rien n'empêche de donner de suite de nouveaux œufs à une poule ainsi rendue disponible. On aura seulement la précaution d'attacher au panier un écriteau indiquant la date de la nouvelle mise à couver.

Il est bon de profiter du mirage pour s'assurer que les paniers sont complètement propres, qu'ils ne contiennent pas de mites, et s'il s'en trouvait procéder à leur enlèvement radical.

Dans les dix jours qui séparent le mirage de l'éclosion, moins vous séjournerez dans le couvoir et mieux cela vaudra. Sous aucun prétexte vous ne devez toucher aux œufs, si ce n'est pour enlever des paniers ceux qui se trouveraient cassés et dont la mauvaise odeur asphyxierait littéralement les poussins contenus dans les autres œufs.

Plus l'incubation avance et plus il est utile que mères et enfants soient maintenus dans le silence nécessaire à l'accomplissement du grand mystère dont nous constatons les effets sans pouvoir en préciser les causes, ni les lois. Ce n'est plus comme pendant les premiers jours, une matière inerte qui remplit les coquilles. Ce sont des êtresvivants qui les habitent ayant déjà des instincts, des

sensations d'une manière assurément fort confuse, mais
qui s'éclaircit de jour en jour. Les ébranlements de toute
nature, les bruits subits et violents peuvent entraver le
développement des poussins, les forcer à prendre des pos-
tures irrégulières et déterminer par conséquent des infir-
mités toujours mortelles.

De toutes les phases de l'existence des volailles l'éclosion est celle dont nous avons eu personnellement l'occasion de nous occuper de la façon la plus suivie. Il nous est
arrivé fréquemment de constater parmi les derniers nés, un
grand nombre d'infirmes traînant la patte, tordant le cou. A
quoi attribuer d'une façon précise ces anomalies. Elles ne
peuvent être héréditaires puisque les animaux qui en sont
atteints sont absolument non viables. Nous avons toujours pensé qu'elles peuvent provenir de sortes de con-
vulsions atteignant le poussin dans l'œuf, analogue à celles
qui frappent parfois les enfants soit dans les premiers
moments de leur existence, soit même pendant la vie intra
utérine. Et, sans pouvoir, à ce sujet, appuyer une déduction sur les données scientifiques encore absolument
obscures, il nous a semblé que les circonstances extérieures
causant par contre coup un trouble quelconque aux poussins, ne devaient pas être étrangères à la production de
semblables difformités.

Il est donc absolument urgent d'assurer le calme du
couvoir et d'attendre avec tranquillité le cours des événements.

ÉCLOSION

Voici venu le vingtième jour. La patience des couveuses va recevoir sa récompense.

Les personnes qui ont la plus grande habitude d'assister aux éclosions ne peuvent se défendre d'un vif mouvement de curiosité qui les pousse à entrer au couvoir avant

l'heure habituelle, à soulever les poules pour regarder les poussins et les œufs.

A plus forte raison les nouveaux venus en matière d'élevage sont-ils sous l'empire de ce sentiment tout naturel.

Il est absolument indispensable de résister à semblable impulsion.

Le jour de l'éclosion, vous ne devez entrer au couvoir ni plus tôt ni plus fréquemment que l'habitude. Lorsque le moment d'y aller est venu ne vous laissez pas déranger des procédés habituels par les cris des poussins dont le bavardage, défaut de race, commence non seulement aussitôt après l'éclosion, mais même avant, dans l'œuf, d'où l'expression originale : « On entend les œufs chanter. »

Après avoir préparé la mue comme à l'ordinaire, on prend doucement la première poule en ayant soin d'étendre ses ailes avant de la soulever hors du panier parce que les plumes retiennent souvent des poussins et parfois même des œufs dont la chute serait fatale.

Sans s'attarder à regarder les nouveaux-nés il faut porter, comme d'habitude, la mère dans la mue et s'assurer qu'elle mange. La poule supporte d'ailleurs parfaitement cette première séparation. Il sera bon, au fur et à mesure qu'on enlève les poules, de recouvrir les poussins avec un morceau de laine afin qu'ils n'aient pas de trop grande transition de température ; toutefois le morceau de laine devra être posé, sur le panier et non directement sur les petits et sur les œufs, car si les poussins maintenant au jour ne craignent plus l'asphyxie, par contre les œufs au jour de l'éclosion ne doivent pas être plus privés d'air que d'habitude et le moment où ils sont découverts pendant le repas ne saurait être supprimé sans inconvénient. Entre les exigences des poussins et les besoins des œufs, il faut prendre un moyen terme, couvrir sans étouffer.

Dès que toutes les poules ont été envoyées à la salle à

manger, on découvre les poussins et l'on retire les coquilles vides en ayant soin de ne déranger ni les poussins ni les œufs.

La rentrée des poules au couvoir devra s'effectuer avec le plus grand soin et la plus grande rapidité, car il y a prendre ce jour-là, quelques dispositions particulières qui retarderaient trop, si l'on ne se pressait un peu, la réintégration des dernières couveuses, dans les couvoirs importants. Au fur et à mesure qu'une poule va être remise en place, il faut avoir grand soin que les poussins ne soient pas engagés sous les pattes de la couveuse parce qu'ils pourraient se trouver blessés et même parfois écrasés.

On conseille dans ce but d'enlever les poussins du nid, de remettre la poule sur les œufs et, ensuite de placer les poussins par devant, sous les plumes du ventre et du commencement des ailes. En général nous préférons ne toucher les poussins et même les œufs qu'en cas d'absolue nécessité et le moins possible. Par conséquent si les pattes de la poule peuvent se poser sans occasionnner de malheurs, n'intervenons pas. Elle saura bien s'arranger de façon à mettre tout le monde à sa place. Si le désordre du ménage était trop grand, ayez la main très douce et, sous prétexte d'arrangement, ne risquez pas de déranger des dispositions qui tout en vous paraissant défectueuses ont peut-être été adoptées par le poule en pleine connaissance de cause. Puis toute la famille sera laissée en repos jusqu'au lendemain. Vos poussins en effet n'ont aucun besoin de nourriture dès les premiers instants (1).

Voyez d'ailleurs comme la nature donne à cet égard d'exactes indications.

Dans l'espèce humaine, par exemple, les nouveaux-nés ne restent-ils pas un certain temps sans manger jusqu'à

______

(1) Voir ci-après à l'élevage artificiel.

la montée du lait qui n'a lieu que quelques heures, parfois
un jour après l'accouchement ? Et ce lait, lui-même n'est-
il pas infiniment moins fort au début qu'il en le deviendra
par la suite ? Pourquoi donc admettre que le poussin
au sortir de l'œuf a d'une part besoin de nourriture et,
d'autre part, est à même d'ingérer sans inconvénients des
aliments à peu près analogues à ceux qui lui serviront
lorsqu'il aura atteint l'âge adulte ? Quelle que soit la
valeur exacte de ces réflexions, il est un fait certain, c'est
que les poussins éclos les premiers ne souffriront en rien
pour attendre leur premier repas et qu'il y aurait grand
inconvénient, par contre à compliquer le service et à
multiplier les allées et venues, en n'attendant pas pour
mettre la table que tout le monde soit éclos.

Bien entendu ce retard ne doit pas s'étendre au delà des
délais normaux de l'éclosion, c'est-à-dire du vingt-et-
unième jour accompli. Parmi les œufs qui ne sont pas
éclos à ce moment quelques-uns peuvent encore contenir
des poussins viables, mais ce sont là des cas assez rares,
du moins exceptionnels, qui ne peuvent servir de base
à des dispositions régulières.

Le vingt deuxième jour, au matin, toutes les éclosions
normales devront être achevées. Le moment est venu de
procéder à la formation des familles.

Quels que soient ses sentiments maternels, la poule,
d'ailleurs, est devenue à l'état domestique avant tout
une nourrice. Les œufs qu'elle a couvés ne sont pas
nécessairement les siens; peu lui importe de conduire
les poussins qu'elle a fait éclore elle-même ou ceux
qui, éclos sous ses compagnes, peuvent lui être confiés. Toutefois, lorsque nous disons que peu lui importe,
nous commettons une erreur car elle n'adopte ces
étrangers qu'à l'aide d'un audacieux artifice consistant à
les mêler à sa nichée pendant l'obscurité et sans qu'elle
puisse s'en apercevoir; mais, une fois le mauvais coup

accompli, elle ne fait plus aucune différence entre les uns et les autres et paraît au contraire toute heureuse de protéger une nombreuse compagnie.

Lorsque tous les paniers sont découverts nous avons à passer l'inspection du personnel présent. Dans le premier panier voici sept poussins ; le nombre est insuffisant pour faire une famille ; ajoutons-en huit autres et procédons ainsi de suite. Chaque bande, nombreuse de douze à quinze poussins selon le nombre des poules, leurs forces et les différentes convenances de l'éleveur, est portée en dehors du couvoir sur le terrain d'élevage ou on la rejoint à la première couveuse. Ainsi de suite, on donne à chaque poule les enfants qu'elle doit définitivement surveiller et qu'elle ne quittera plus désormais.

Voici terminé le premier acte de l'éclosion.

Quelques naissances, doivent encore se produire et il ne faut négliger aucun élément de bénéfice.

Parmi les œufs non éclos certains sont percés cependant ; d'autres, tout en n'étant pas même percés n'exhalent pas la mauvaise odeur de l'œuf mort. On réunira ces œufs dans le nombre de paniers nécessaires et on les donnera aux couveuses qui n'ont pas encore charge d'âme.

Le lendemain matin on trouvera habituellement quelques nouveaux-nés de plus qui, bien que retardataires, pourront cependant rattraper les premiers venus. Enfin, si l'on désire, avant de jeter définitivement les œufs non éclos, s'assurer qu'ils ne peuvent plus donner lieu à aucune espérance, on pourra tenter l'expérience suivante qui n'est certes pas mathématique, mais peut encore permettre d'obtenir quelques éclosions.

Voici comment l'on procède. Dans de l'eau tiède, on plonge un instant les œufs qu'il s'agit d'éprouver : ceux qui sont inféconds tomberont au fond du vase, tandis que les autres resteront à la surface et même s'agiteront si le poussin est sur le point d'éclore. Remis de nouveau sous la poule, ces derniers peuvent encore, au bout de quelques heures, venir à bien.

Avant de suivre les jeunes familles à la naissance desquelles nous venons d'assister, il nous reste à noter quelques particularités relatives à l'éclosion.

Voici, d'après M. Jacques, quelle est la marche de cette opération.

... « Le bec du poussin, placé vers le centre de l'œuf et près de la coquille est armé à son extrémité d'une petite pointe cornée et aiguë qu'il fait mouvoir de façon à user petit à petit une même place qu'il finit par percer ; le trou fait, il donne des poussées qui font lever un petit éclat, et il continue toujours en tournant jusqu'à ce que la coquille tombe de droite et de gauche en deux parties égales».

Il y a donc un véritable travail gymnastique accompli par les poussins, travail facile pour les uns et si compliqué pour les autres que certains restent en route sans pouvoir éclore.

Ici se pose une question souvent controversée. Faut-il aider le poussin qui, presque éclos, ne peut parvenir à se tirer d'affaire tout seul ?

Certains auteurs déclarent qu'avec une grande délicatesse, une extrême attention, il est possible de sauver quelques-uns de ces enmurés et, qu'après avoir attendu jusqu'aux limites admissibles de l'éclosion, au vingt-huitième jour, par exemple, on ne risque rien à tenter d'aider les poussins dont la coquille à demi-brisée, et les cris, attestent l'existence, mais qui ne peuvent cependant achever leur tache.

Nous ne sommes pas de cet avis.

Mais la poule, disent quelques-uns, aide parfois le prisonnier à briser ses fers.

En premier lieu, ce concours de la poule ne nous semble pas clairement établi — jamais nous ne l'avons constaté.

Secondement, alors même que la couveuse y aurait recours ce ne serait pas un motif pour l'imiter.

> Ne forcez pas votre talent
> Vous ne feriez rien avec grâce

a dit le bon La Fontaine.

Créée et mise au monde pour faire éclore des œufs, la poule pourrait fort bien posséder des dernières instructions sur ce sujet, alors que nous n'en aurions pas le plus vague soupçon.

Selon nous, il ne faut jamais intervenir.

Le poussin qui ne peut éclore ne peut vivre.

Il existe, pensera-t-on, des exemples du contraire.

Eh, sans doute ! on trouve toujours un exemple à l'appui de toute erreur.

Mais le principe de la non intervention doit être maintnu d'une façon rigoureuse.

Intervenir est inutile d'une part, puisque les poulets ainsi mis au monde ne vivent presque jamais — et nous disons presque pour être conciliants ; d'autre part, parce que l'on entraîne souvent, par cette intervention inopportune la mort d'un sujet retardataire, il est vrai, mais qui serait arrivé tout de même à bien, si on l'avait laissé continuer tout tranquillement son petit bonhomme de chemin.

Encore, si l'on connaissait exactement les motifs qui gênent et parfois empêchent l'éclosion.

Dans l'espèce humaine, dans les espèces animales à l'état domestique, on peut souvent aider les accouchements parce que l'anatomie a permis de constater les causes qui y font obstacle. Lors d'une présentation anormale, on pourra porter remède en régularisant la position. Mais à un personnage qui a l'idée de naître dans un œuf, quel secours voulez-vous donner, puisqu'il est impossible d'arriver à lui sans briser la coquille et que briser la coquille c'est tuer le coquillard !

Et puis il faut toujours se méfier de sa propre impatience. Si vous êtes décidé à aider vos poulets le vingt-deuxième jour, vous serez fortement tenté de les aider le vingt-et-unième au soir — et alors vous commettrez de véritables assassinats.

Par conséquent, nous nous abstiendrons d'une manière absolue. Tout au plus, sera-t-il utile lorsqu'un poulet, complètement sorti de sa coquille, restera attaché par un morceau de la membrane de l'œuf attaché à ses pennes, de le décoller doucement.

CHAPITRE II

ÉLEVAGE NATUREL

Tous nos petits sont éclos ; le couvoir est rentré dans le silence, a moins que l'on ne fasse plusieurs couvées successives, auquel cas il faudra nettoyer avec le plus grand soin tout le matériel avant de le remettre en fonctionnement.

Transportons-nous sur le terrain d'élevage.

Nous nous trouvons toujours en présence de deux hypothèses ; ou l'élevage sera laissé quelque peu au hasard ou il sera fait avec soin. Dans ce premier cas, les poules mères et leurs familles vaqueront avec le reste du troupeau. Les poulets peuvent se trouver exposés aux attaques des coqs, plutôt bons époux que bons pères de famille, aux attaques également des autres poules, dangers dont leur gardienne ne pourra pas toujours parvenir à les protéger.

Ils s'élèveront ainsi à l'aventure sans qu'il soit possible de leur donner les soins dont leur jeune âge profiterait évide mment.

Dans l'espèce humaine, par exemple, il ne suffit pas qu'un enfant ait sa mère ou une nourrice ; encore faut-il que cette mère, cette nourrice possède les moyens de donner la nourriture et les soins hygiéniques suffisants. Il en est de même pour la poule. Laissez-là, selon l'expression vulgaire mais imagée, « se débrouiller » — elle saura tirer le meilleur parti possible de la situation ; mais aidez-la de façon discrète et intelligente et les résultats qu'elle obtiendra seront naturellement de beaucoup plus satisfaisants.

En tous cas, il faut réserver aux poules mères un logement spécial pour la nuit ; il est évident qu'elles ne peuvent occuper avec leurs élèves le poulailler commun.

Mais, hâtons-nous de dire qu'un élevage un peu plus soigné n'entraine ni grand mal, ni grandes dépenses.

Le terrain choisi pour l'élevage des poussins, doit posséder au degré le plus élevé possible, les qualités que l'on recherche pour le sol livré aux volailles adultes. Dès le jeune âge, en effet, les besoins sont les mêmes et la délicatesse, la susceptilité beaucoup plus développées.

Le terrain d'élevage devra être bien exposé, sec et même légèrement sablonneux. Afin, d'éviter d'ailleurs, des redites inutiles, nous engageons le lecteur à se reporter aux pages que nous avons consacrés à la description de l'établissement de Bélair. Le premier besoin des élèves est assurément la sécurité, le calme, l'absence de bruit. Il faudra donc choisir un endroit écarté, à l'abri autant que possible des incursions des autres animaux notamment des chiens qui ont souvent avec la volaille des relations trop intimes, bien que peu cordiales.

De préférence, il faudra choisir un verger parce que la nature du sol toujours herbeux, les plantations qui donnent de l'ombrage, les nombreux insectes qui s'y trouvent sont autant d'atouts dans le jeu de l'éleveur.

Trouver pour les poussins et leur mère un logement convenable est assurément un des plus sérieux problèmes à résoudre en matière d'élevage. Si vous disposez d'un terrain très étendu et que vos familles de poussins soient peu nombreuses, la difficulté est bien simplifiée. Il suffira de disposer sous une forme quelconque de petites cabanes dans lesquels mères et petits puissent prendre gîte. Mais, en général, et surtout lorsque l'on cherche à élever une quantité notable de volailles, il est indispensable d'économiser le terrain. Le seul moyen pratique est de refuser à la poule la liberté du parcours que l'on accorde aux poussins. Sans cela, ses instincts de piocheuse et de gratteuse sont tellement surexcités par le désir de trouver de la nourriture pour ses élèves, qu'elle a bientôt mis à sac une étendue vraiment considérable. Cette nécessité a entraîné les éleveurs et les fabricants à établir divers systèmes de boîtes à élevage et ces appareils sont maintenant si connus qu'il est absolument superflu d'en donner une description détaillée. Ils ont tous, avec certaines variantes plus ou moins heureusement inspirées, une disposition uniforme dont le but est de laisser aux poussins la faculté d'entrer et de sortir en passant librement à travers un treillage, tandis que la poule ne peut, en raison de ses dimensions, prendre le même chemin.

En théorie, les avantages de l'emploi des boîtes à élevage sont indiscutables ; mais dans la pratique elles possèdent de nombreux inconvénients.

Nous allons en faire ressortir les principales imperfections. Alors même qu'elles sont bien construites, elles résistent insuffisamment à la pluie et l'on sait que le contact de l'eau est presque toujours mortel pour les jeunes volailles, tant que les plumes ne sont pas assez poussées pour les protéger d'une façon efficace.

L'expression « poule mouillée » n'a pas été adoptée sans motif.

Non seulement les boîtes à élevage ont l'inconvénient d'être très perméables à l'eau, mais encore elles se salissent avec une grande facilité. Tout contribue à cet inconvénient : les allées et venues des poussins, la longue présence de la poule.

Ces appareils ont, de plus, le désavantage de coûter assez cher, soit qu'on les achète chez des marchands spéciaux ce qui est presque impraticable, en dehors de l'éle-

BOITES A ÉLEVAGE

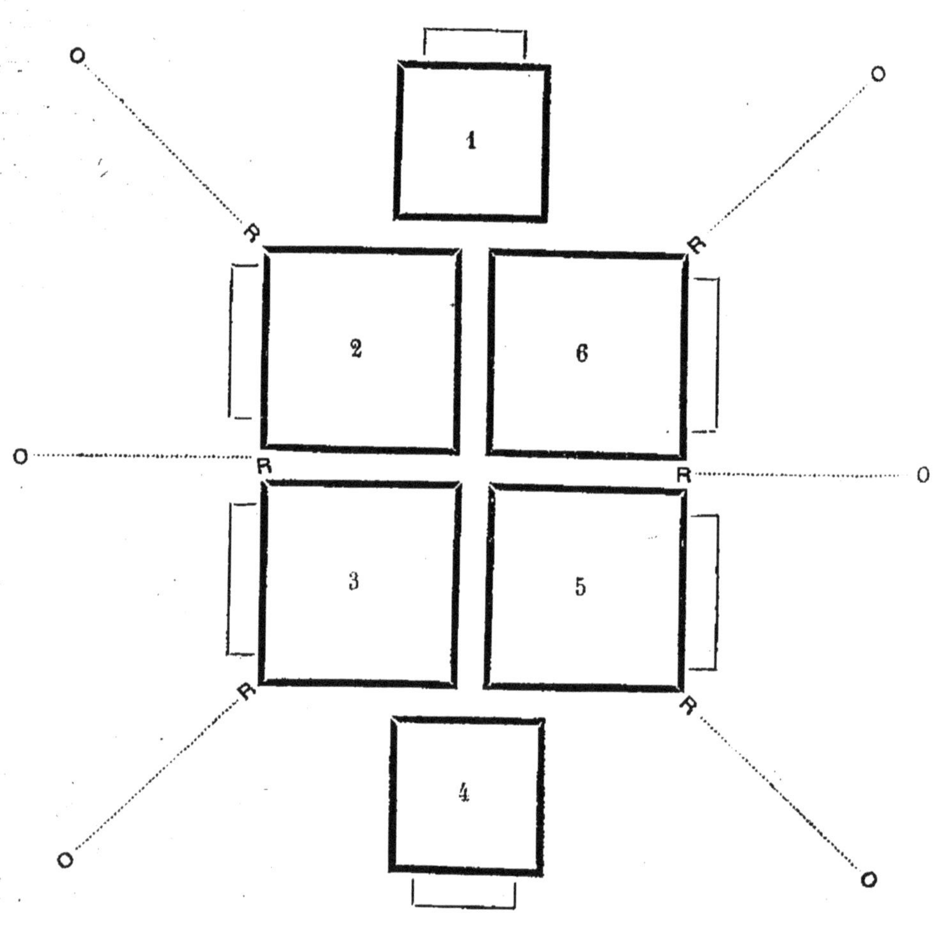

LÉGENDE.

1-6, boîtes à élevage.
O, pieux légers à ficher en terre.

vage de luxe, soit qu'on les fabrique soi-même, d'après les données que nous trouvons dans les principaux ouvrages d'aviculture. Frappés de ces inconvénients nous avons cherché à combiner une disposition spéciale qui permette de faire usage de boites d'élevage à des prix d'autant plus modérés qu'on peut employer à leur construction tous matériaux ou bois hors d'usage.

Le plan que nous donnons ci-contre, permettra de saisir très aisément les explications suivantes :

Nous voyons six boîtes à élevage numérotées de 1 à 6. Elles sont placées de façon à ce que les ouvertures soient tournées vers le dehors. Leurs côtés et leurs fonds peuvent, pour ménager la place, être appliqués complètement les uns contre les autres. Sur notre plan, les boîtes se trouvent espacées afin d'indiquer plus clairement leur emplacement ; elles forment ainsi de petits couloirs dont les accès doivent être fermés par une planchette ou un morceau de treillage suffisamment serré afin que les poussins ne puissent passer au travers des lignes pointées qui joignent les lettres O et R, rayonnent autour du groupe des boîtes, représentant des treillages également serrés, ou toutes séparations suffisantes pour empêcher le passage des poussins. Selon les matériaux dont on disposera, afin d'acheter le moins possible et d'utiliser ce qu'on a, on prolongera ces petites clôtures un peu plus ou un peu moins. Elles seront fixées aux points extrêmes R par des pieux, piquets etc. Au lieu d'adopter la forme régulière que nous indiquons, ces palissades pourront aller rejoindre des arbres s'il s'en trouve commodément à portée, en remplacement soit de tous les piquets qu'il faudrait installer, sans cela, soit de quelques-uns d'entre eux seulement. On conçoit qu'à l'aide de ces séparations, les poussins et la poule peuvent sortir de chez eux, sans se rencontrer bec à bec d'une façon immédiate, avec les familles voisines. Chaque troupe peut donc prendre le large tranquillement et vaquer ensuite à ses affaires dans le terrain d'élevage.

Si l'on ne prenait pas la précaution de créer ainsi, pour chaque boîte, une sorte de petit préau réservé, il se produirait des batailles. Le sol sur lequel seront placées les boîtes devra être assaini, battu et exhaussé. Il ne sera pas dominé par la surélévation du terrain environnant afin que l'infiltration n'y puisse entretenir d'humidité.

Au-dessus des boîtes, à une hauteur suffisante pour que l'on puisse y avoir accès, on établira un léger hangar qui peut être fait en voliges recouvertes de papier goudronné ou seulement goudronnées. Une couverture en chaume sera également excellente, un peu plus coûteuse à établir peut-être, mais de longue durée et parfaitement imperméable sans avoir besoin d'une grande épaisseur. La superficie couverte par ce hangar sera un peu plus étendue que celle occupée par les boîtes et un peu moins que celle du terrain compris dans le développement des séparations. Nous avons dit, dans un des chapitres précédents qu'il était utile de ménager des petits hangars dans les terrains d'élevage. Celui que nous venons de décrire servira donc à lui seul pour toutes les familles et tiendra lieu ainsi de ceux qu'il conviendrait d'établir pour l'usage d'un nombre égal de poussins. Il y aura donc là une première économie; un hangar même un peu développé ne coûtant pas naturellement autant que six hangars, notamment pour les supports et charpentes.

Il sera facile de disposer deux gouttières qui empêcheront les eaux pluviales de donner de l'humidité dans les environs des boîtes, lesquelles se trouveront ainsi complètement abritées.

Or, ce qui cause le prix élevé auquel atteignent toujours les boîtes d'élevage généralement employées, c'est précisément la nécessité de les rendre autant que possible impénétrables à l'eau. Malgré l'entretien et les couches de peinture, la chaleur du soleil disjoint le bois et donne ainsi passage à la pluie dans un temps relativement assez court.

Avec la petite construction que nous indiquons, les boîtes se trouvent complètement protégées contre la pluie et le trop grand soleil surtout s'il a été possible d'établir le hangar sur un terrain partiellement abrité par quelques arbres. Ces boîtes elles-mêmes pourront donc être construites légèrement et l'on utilisera très bien à cet égard, les matériaux qui se trouveront sous la main.

Nous ne voyons pas grande utilité à faire des boîtes à élevage, selon la tendance des constructeurs d'appareils d'aviculture, de véritables constructions en jeux de patience. Nos boîtes seront ouvertes par devant, tous les pans de ce côté pouvant se lever et se rabattre au moyen de charnières en cuir sur le plafond de la boîte. Un crochet de fer servira lorsque l'ouverture sera fermée, à fixer cette paroi et à l'empêcher de céder aux poussées intérieures donnée par la poule et même les poussins. La moitié environ de la surface de cette cloison sera à jour, treillagée au moyen de barettes en bois à travers lesquelles les poussins puissent librement circuler.

Cette installation peu compliquée et peu coûteuse répondra parfaitement à tous les besoins de l'élevage.

Sur le plancher des boîtes, nous aurons soin de maintenir toujours une couche de balle d'avoine et mieux encore de balle d'avoine mélangée de sable.

Lorsque la température sera trop basse pendant la nuit, on pourra fermer complètement les boîtes au moyen d'un petit paillasson, ou, plus économiquement encore, d'une planche appliquée contre la partie treillagée. Toutefois, et malgré l'abaissement de la température une petite ouverture du diamètre d'une pièce de cinq centimes environ, formera cheminée d'appel de façon à maintenir constamment la pureté de l'air. En dehors des boîtes, sous le hangar, on aura soin de placer des augettes pour l'eau et de ménager des trous à sable dans lesquels chaque ménage puisse procéder au poudrage qui est de tout temps indispensable à la poule et qui le deviendra aussi pour les poussins dès qu'ils sortiront de la première enfance. Maintenant que le domicile est installé, nous n'avons plus qu'à y porter les locataires et à régler leur manière de vivre.

Quelle somme de liberté donnera-t-on à la poule?

La plus grande possible. Il faudra tenir compte à cet égard de l'étendu du terrain d'élevage, de l'importance des déprédations qu'elle peut y causer, et enfin de la nature plus ou moins pillarde de chacune des mères en exercice.

Lorsqu'on maintient la mère en perpétuelle captivité, sous le prétexte qu'il lui suffit de rappeler ses enfants pour les réunir autour d'elle, on contrarie, l'instinct de la poule ce qui augmente pour elle les fatigues de l'élevage succédant à celle de l'incubation, et, de plus, inconvénient plus grand peut-être, on diminue beaucoup l'efficacité de sa surveillance.

Donc la liberté le plus possible. Il n'y a à se guider absolument pour en restreindre l'usage que sur la nécessité de ménager le terrain d'élevage. Dans un verger tant soit peu important et si le nombre des élèves n'est pas par trop considérable, laissez donc aller vos poules, en ouvrant leur porte toute la journée ; elles s'en trouveront beaucoup mieux et leurs élèves aussi.

Le sol des vergers en effet, est toujours riche et l'alimentation abondante qu'il fournit à la volaille permet en général à la poule de satisfaire ses instincts de chercheuse sans causer de trop grands dégâts.

Si le terrain d'élevage est minutieusement mesuré, il sera nécessaire de restreindre un peu plus les promenades de la poule. Vous pouvez par exemple la maintenir à la maison pendant la plus belle partie du jour, alors que les poussins ont le moins à craindre des variations atmosphériques. Pendant la matinée et vers la fin de l'après-midi vous lui donnez la clef des champs. Vous pouvez également graduer la durée de ses sorties et de son emprisonnement selon le temps qu'il fera chaque jour ; si la pluie menace, particulièrement, il sera bon de la laisser libre, car le désir de continuer la promenade pourrait engager les poussins à ne pas se rendre au premier appel de leur directrice et les exposer à recevoir par conséquent, pour prix de leur désobéissanre, le commencement des ondées·

La plupart des ouvrages d'aviculture signés, d'ailleurs, de noms autorisés et rédigés d'une manière intéressante, admettent l'utilité de l'intervention constante de l'éleveur, surtout pendant les premiers jours de l'existence des jeunes poulets.

Nous ne partageons pas cette manière de voir lorsqu'il s'agit de l'élevage naturel. Donnez à la poule toute la facilité possible, mettez à sa disposition ce dont elle peut avoir besoin et laissez-la tranquillement faire son affaire.

C'est elle, et non pas vous, qui sait exactement le moment ou les petits doivent avoir faim.

C'est elle et non pas vous qui juge l'instant précis où ils vont avoir froid, où ils vont, au contraire, avoir besoin d'air. Elle a la responsabilité de son travail, puisque si ses couvées n'étaient pas menées à bien vous finiriez par prendre le parti de la réformer assez promptement ; il faut donc qu'elle ait la plus large part d'initiative.

C'est justice et c'est votre intérêt.

Ce système libéral a d'ailleurs un avantage tout particulier, c'est que la poule continue plus longtemps sans impatience, à donner ses soins à sa couvée.

Libre de ses mouvements, n'étant pas énervée par l'emprisonnnement, par le perpétuel ennui de voir les poussins aller et venir, sans pouvoir les imiter, elle s'attardera volontiers quelque peu au métier de nourrice.

Cela, dira-t-on, reculera la reprise de la ponte. Non,

car le besoin de la ponte sait s'imposer au moment venu.

Et d'ailleurs, en admettant même un léger retard de ce côté, vous le regagnerez amplement par les bénéfices que les jeunes poulets retireront d'une prolongation des soins maternels.

En maintenant la poule captive, au contraire, elle se fatigue et peu à peu elle fait supporter aux poussins les conséquences de ses impatiences. On est donc conduit, parfois, à procéder au sevrage d'une manière prématurée, ce qui peut avoir pour les jeunes de graves conséquences. En effet, lorsque la poule selon l'expression vulgaire, mais énergique, « en a assez », elle ne ménage aucune transition et devient aussi hargneuse pour ses élèves qu'elle était pa-tiente et prévenante.

Non seulement elle cesse de les accueillir, mais encore elle leur distribue avec une abondance qui devient bien-tôt, si l'on y met ordre, de la prodigalité, force coups de bec.

D'ailleurs la poule prend soin de vous avertir plusieurs jours d'avance. Elle cesse de glousser pour appeler les pous-sins.Elle ne les chasse pas encore, mais ne les attire plus. A l'éleveur de profiter de cet indice infaillible afin de procéder immédiatement au sevrage.

Cette transition est d'ailleurs facile pour la mère comme pour les enfants.

Celle-ci sera rendue tout simplement à ses amours et à ses travaux de pondeuse. On l'éloigne du terrain d'élevage pour la remettre avec ses camarades de poulailler.

Les poulets continuent à habiter le même logis. Malgré l'absence de la poule, ils en connaissent le chemin et les êtres et il y aurait inconvénient à les faire déménager.

Le sevrage fait, nous voici donc en présence de grands garçons et de grandes demoiselles. Il va falloir procéder sans retard à leur séparation si l'on veut éviter des accou-plements inopportuns.

Chez les coquelets, la valeur n'attend pas le nombre des années et les poulettes elles-mêmes, bien que moins précoces ne paraissent voir, en somme, que peu d'inconvénients aux fantaisies juvéniles de leurs frères de lait.

L'éleveur prudent ne sera pas de même avis, car autant l'exercice fréquent des facultés génératrices est salutaire à l'âge adulte, autant il est nuisible à l'adolescence.

En procédant à cette séparation, il sera bon également d'opérer un premier triage parmi les élèves; à l'âge où ils sont parvenus en effet, leurs défectuosités, comme aussi leurs aptitudes, se décèlent déjà d'une façon assez marquante pour que l'éleveur puisse y trouver d'utiles indications. J'insisterai de nouveau sur ce point que le succès ou les pertes dépendent non pas tant de l'application plus ou moins régulière de telles ou telles règles générales, mais surtout des soins avec lesquels seront faites les observations de l'eleveur.

Sauf la propreté, il n'y a guère de principe absolue. A l'éleveur, il appartient de reconnaître les besoins de chaque membre du troupeau de se rendre compte des mérites personnels afin de discerner ceux qui sont aptes à payer des soins particuliers, des dépenses spéciales et ceux qui, leur rendement ne pouvant dépasser une assez faible moyenne, ne sauraient justifier un traitement onéreux.

En agriculture, on améliore tous les terrains, les bons comme les mauvais; mais sauf des cas exceptionnels, on proportionne toujours les dépenses de fumure aux produits probables. Voici un très mauvais terrain auquel ne peut s'appliquer aucune culture rémunératrice; la théorie vous dit bien que plus vous le fumerez, plus il s'améliorera. Mais la pratique vous démontrera rapidement qu'en consacrant une bonne quantité de fumure aux bonnes terres, vous commencerez par gagner de l'argent qui vous permettra ensuite d'améliorer les mauvaises, tandis que si vous consacriez toute vos ressources aux mauvaises, le premier résultat obtenu serait de laisser péricliter les bonnes.

En aviculture, cela est plus vrai encore : nourrissez médiocrement des sujets excellents vous les verrez péricliter.

Nourrissez abondamment des sujets médiocres ou mauvais vous n'obtiendrez pas la rémunération de vos dépenses.

Ce qu'il faut c'est porter au plus haut point possible, les qualités, le rendement, de vos éleves d'avenir, afin de gagner de l'argent à bref délai. Pour les autres nourrissez-les convenablement sans doute afin d'améliorer d'une façon progressive le niveau général ; mais ne prodiguez pas une nourriture coûteuse à des gaillards qui l'accueillent fort bien, mais n'en feront en somme, à votre point de vue, qu'un assez piètre usage.

Ces considérations auront d'ailleurs leur place au chapitre spécial que nous consacrerons à la nourriture des élèves et qui sera logiquement placé après celui de l'élevage artificiel, puisque c'est dans ce genre d'éducation qu'il est surtout important de surveiller la parfaite convenance de l'alimentation.

Au moyen de ce triage vous mettez donc à part les sujets d'élite et surtout vous éliminez les sujets défectueux.

Un second triage affectué d'après les mêmes principes et dans le même but aura lieu peu après le premier aussitôt que les volailles les mieux développées pourront être livrées, en qualité de petits poulets nouveaux, à la consommation.

CHAPITRE III

ÉLÉVAGE ARTIFICIEL

Avant de suivre plus longtemps l'existence des jeunes volailles que nous venons de voir naître puis grandir, nous avons à nous occuper tout spécialement de l'élevage artificiel.

Un mot d'histoire peut ici n'être pas déplacé. — Dès l'antiquité, en effet, la question de l'éclosion artificielle a été étudiée et, s'il faut en croire les auteurs, la solution que nous ne possédons pas encore actuellement d'une façon mathématique, aurait été trouvée et pratiquée par plusieurs peuples anciens.

Voici quelques passages que nous détachons du *Manuel de la Fille de basse-cour*. Nous ne savons s'ils offrent un intérêt véritablement pratique pour les lecteurs de ce modeste et utile auxiliaire de l'Aviculteur, mais les faits relatés ont, du moins, un intérêt de curiosité.

« Les peuples de l'Inde sont probablement les premiers qui se soient occupés d'éclosion artificielle et ils ont dû employer la chaleur produite par les substances organiques en décomposition. Il paraît d'ailleurs que c'est encore le moyen employé par les Chinois modernes pour faire éclore des canards. De l'Inde ces inventions auront passé en

Egypte. Aristote et après lui, Pline le Naturaliste nous disent que les anciens Egyptiens mettaient les œufs dans des vases qu'ils enfouissaient en terre et échauffaient au moyen du fumier; mais ce procédé primitif fut remplacé par l'incubation-artificielle, à l'aide des fameux *mamals* qui existent encore dans l'Egypte moderne (1).

« Le mamal est un bâtiment rectangulaire, coupé dans sa longueur par un corridor, de chaque côté duquel se trouvent les fours où se fait l'éclosion. Ces fours sont à double étage. L'inférieur a un mètre de haut, deux de large et huit de long. Il est muni d'une porte s'ouvrant sur le corridor et d'un trou circulaire assez grand qui communique avec l'étage supérieur. Ce dernier a les mêmes dimensions si ce n'est une quarantaine de centimètres de plus en hauteur. Il est percé de cinq ouvertures, deux latérales communiquant avec les fours voisins, une supérieure située au milieu de la voûte et pouvant donner accès à l'air extérieur, puis une porte ouvrant sur le corridor et enfin intérieurement le trou circulaire commun aux deux étages. Tenant au local qui renferme les fours, se trouve l'endroit où l'on prépare la braise ardente qui se fait avec des mottes composées de paille mélangée de fiente de chameau, de crottin de cheval et de bouse de vache. Tout à côté existe une chambre destinée à recevoir les poussins nouvellement éclos.

Un magasin pour les œufs et un logement pour le surveillant complètent l'ensemble des pièces qui constituent un Mamal égyptien.

« Passons maintenant aux détails de l'opération et, pour

---

(1) Nous faisons toutes réserves au sujet du degré de foi qu'il convient d'ajouter a ces récits. Aristote a dit tant de choses, qu'il a bien pu facilement commettre quelques erreurs. — Enterrer des œufs pour les faire éclore est un procédé que nous ne recommandons a personne.

plus de clarté, désignons les fours situés de chaque côté du corridor par des numéros, ceux de droite 2, 4, 6, 8, 10, 12. Ceux de gauche, 1, 3, 5, 7, 9, 11. On commence par mettre en activité les numéros 1, 5, 9, de l'autre. Pour cela on dépose dans les étages inférieurs de ces fours trois lits d'œufs sur une couche de paille hachée et de poussière ; puis on porte dans les étages supérieurs de la braise ardente qu'on place dans une rigole régnant tout autour du trou circulaire qui fait communiquer ensemble les divers étages. Le feu est convenablement entretenu pendant une dizaine de jours. C'est la première période de l'incubation. Au bout de ces dix jours, on laisse éteindre le feu et l'on monte les œufs de l'étage inférieur à l'étage supérieur. En même temps on met en activité les fours intermédiaires 4, 8, 12 à droite, 3, 7, 11 à gauche lesquels étaient jusque là restés vides. Dans ceux-ci, comme dans les premiers, on place des œufs à l'étage inférieur et de la braise ardente à l'étage supérieur. C'est la seconde période de l'incubation.

Elle dure également une dizaine de jours à la fin desquels les poussins s'échappent des premiers œufs qui ont continué d'être échauffés par les ouvertures latérales communes à tous les compartiments de l'étage supérieur. Les poussins éclos sont retirés du four et déposés, pendant quelque temps avant d'être remis aux personnes qui les élèvent dans une chambre où règne une température convenable. La première série de fours étant libre, on recommence une nouvelle fournée en mettant des œufs dans l'étage inférieur et de la braise dans l'étage supérieur. C'est alors que les œufs de la seconde série de fours changent d'étage et ainsi de suite. On voit que l'opération totale dure vingt à vingt-deux jours divisés en deux périodes et que tous les dix ou onze jours le Mamal produit une certaine quantité de poussins. Nous ferons remarquer que ce procédé d'incubation artificielle a le mérite d'être assez exactement calqué sur la nature. Le lecteur se sera déjà aperçu que les œufs n'y sont jamais échauffés de bas en haut : pendant les dix premiers jours ils reçoivent la chaleur de l'étage supérieur, c'est-à-dire de haut en bas, comme sous une poule, et pendant la seconde moitié de l'incubation, ils sont maintenus dans une atmosphère convenable au moyen de l'air chaud qui leur arrive latéralement des fours voisins dans l'étage supérieur duquel le feu vient d'être déposé.

Il ne sera pas inutile de faire remarquer que le succès de l'opération dépend du tact des chauffeurs de Mamal. Ces pauvres paysans égyptiens ignorent cependant que la température nécessaire à l'opération est d'environ quarante degrés centigrades ; mais ils ont une si grande habileté qu'ils entretiennent constamment dans leurs fours une température de trente-cinq à quarante degrés.

Le Mamal égyptien en apparence singulièrement construit, est du reste très propre à sa destination. Presque enfoui dans la terre, il ne subit que peu les influences de la température extérieure. Le pauvre combustible qu'on y emploie se prête peut-être aussi, beaucoup mieux qu'un plus riche, à fournir une chaleur modérée et suffisamment humide. Les nombreuses ouvertures dont est percé le compartiment qui contient le feu sont aussi d'une grande utilité pour régler la température. Lorsque le chauffeur sent qu'il fait trop chaud il ouvre la porte ; lorsqu'au contraire il s'aperçoit que la température baisse trop il intercepte toute communication avec l'air extérieur. Cette méthode d'incubation artificielle existe depuis plusieurs milliers d'années en Egypte ; elle était autrefois entre les mains des prêtres qui très probablement l'inventèrent. Ceux qui la pratiquent aujourd'hui sont de pauvres diables de paysans qu'on appelle Berméens du nom d'un village voisin du Caire. Les Berméens ne sont en quelque sorte que les employés de propriétaires du pays avec lesquels ils partagent par moitié les bénéfices qui consistent dans le tiers ou un peu moins des œufs qu'on leur donne à couver. Il y a ordinairement un Mamal pour quinze à vingt villages. Les habitant apportent leurs œufs, reçoivent un bon en échange et reviennent au bout de vingt-deux jours prendre autant de fois deux poussins qu'ils ont donné de fois trois œufs.

Ces poussins qui demandent les plus grands soins, surtout pendant les deux ou trois premières semaines sont ordinairement élevés par des femmes. Elles en ont souvent trois ou quatre cents à la fois et elles les tiennent le plus chaudement et le plus sèchement qu'elles peuvent, les mettant sur les terrasses qui couvrent leurs maisons et les abritant pendant la nuit. La quantité de poulets produits annuellement par les Mamal était d'une centaine de millions dans l'ancienne Egypte et on la porte encore aujourd'hui à trente millions environ.

« On a essayé à différentes époques d'introduire en Europe ce procédé égyptien : d'abord dans l'antiquité chez les Grecs et chez les Romains, puis au moyen-àge à Malte, en Sicile et en Italie ; et enfin en France où deux rois s'occupèrent de faire construire des fours, Charles VII à Amboise et François I⁰ʳ à Montrichard. Sous les règnes suivants, on tenta encore des essais dont Olivier de Serre nous entretient. A une époque beaucoup plus récente, de nombreuses expériences furent faites par plusieurs savants. On connaît les essais de Réaumur et ses couches de fumier renouvelées des Indiens et des Chinois ; après lui vinrent les tentatives de l'abbé Copineau, de Dubois, et plusieurs autres dont il serait intéressant mais beaucoup trop long de parler en détail.

Tout en terminant ici l'emprunt que nous avons fait à M. Maljean, donnons d'après M. Marcel Didieux quelques détails sur l'établissement d'incubation artificielle de Bonnemain.

Bonnemain, physicien à Nanterre, est le premier qui, en 1777, établit des fours couvoirs susceptibles de communiquer la chaleur aux œufs par le moyen de la circulation de l'air chaud.

Bonnemain fit de longues recherches. Après bien des essais infructueux, il établit à Paris, rue des Deux-Portes, n° 4, un couvoir assez vaste pour produire mille poulets par jour. Il est accusé d'exagération, mais quoiqu'il en soit, l'histoire témoigne qu'il fournissait en toute saison des poulets à la cour impériale de France et qu'il inondait les marchés de Paris de ses produits. Les événements de 1814 causèrent la ruine de ce bel établissement.

Bonnemain publia une brochure en 1816 pour donner un aperçu de ses couvoirs avec régulateur du feu, mais il ne donne pas la clef de sa méthode.

Voici quelle est d'après lui la statistique des bénéfices que chaque couveuse lui donnait par an.

1° Une couveuse de deux cents œufs, dit-il, qui travaille toute l'année, fait environ dix-huit couvées. En tenant compte des non éclosions qui doivent atteindre environ le tiers de la couvée, et en estimant le prix de vente des poulets à l'âge de trois mois à 1 fr. 20, il évalue la recette totale de chaque couveuse à deux mille huit cent cinquante francs, dont une moitié est à déduire pour les frais.

2° Une couveuse de dix mille œufs, en suivant la même proportion réaliserait un bénéfice net de soixante et onze mille sept cent dix francs.

Bonnemain assure avoir obtenu le succès qu'il indique penndant quinze ans et ce n'est qu'après la ruine de son établissement par les armées étrangères qu'il demande aide et protection au Gouvernement, aux capitalistes, aux amateurs et aux admirateurs. Les uns et les autres lui ont fait défaut soit par dédain soit par suite des circonstances politiques de l'époque.

Le prix de ses couveuses était très élevé ; celui des petites était fixé à dix francs l'œuf et celui des grandes à huit francs.

En 1844, un fabricant de Courbevoie, envoya à l'exposition, une boîte couvoir contenant soixante œufs.

En 1848, M. Vallée conservateur de la galerie des serpents au Muséum du Jardin des Plantes envoya également à l'Exposition une boîte couvoir pouvant faire éclore jusqu'à cent poulets. Ces deux couvoirs étaient chauffés au moyen de lampes.

Nous avons cru intéressant, à titre de curiosité, de mentionner les diverses tentatives d'éclosion artificielles faites depuis l'antiquité jusqu'à l'époque contemporaine, tentatives dont le succès ne paraît avoir été sérieux et soutenu qu'en Egypte. Nous n'avons pas à nous étendre maintenant sur les différences des divers systèmes d'appareils qui se disputent de nos jours la préférence des amateurs, mais bien à examiner, au point de vue pratique, l'incubation et l'élevage artificiel quels que soient, d'ailleurs, les instruments à l'aide desquels on en fasse l'application.

Nous devons, tout d'abord, prendre comme point de départ, que l'éclosion artificielle n'est pas entrée jusqu'à présent dans la pratique des producteurs de volailles et cela pour plusieurs motifs que nous devons rapidement esquisser.

Le principal est que la production des volailles se trouve divisée en un très grand nombre de mains et qu'elle n'est nullement industrialisée. Même dans les pays d'élevage spéciaux qui se sont illustrés et enrichis par la production de races déterminées, les éleveurs qui produisent un très grand nombre de volailles sont relativement assez rares. La production se subdivise entre un nombre élevé de participants et les volailles les mieux réussies, celles qui portent le meilleur cachet de leur race, ne sont pas toujours celles qui proviennent des élevages les plus fertiles au point de vue du nombre. Il résulte de ce fait que les aviculteurs sont suffisamment pourvus, en général, avec la production des incubations naturelles et qu'ils trouvent plus d'intérêt à soigner la qualité de leurs produits qu'à se lancer dans des tentatives de production à outrance, nécessitant des frais d'établissement et faisant peut-être courir le risque de baisser le prix des belles pièces par suite de la concurrence et d'une production excessive, phénomène qui a entraîné, pour de nombreuses industries, des crises assurément peu encourageantes. Il est cependant évident que, depuis quelques années, l'incubation artificielle a repris une activité qu'elle avait perdue. Les appareils se sont multipliés et perfectionnés; l'industrie de la construction a fait icontestablement de grands efforts pour ramener une clientèle peu encouragée par les insuccès et en produire une nouvelle. Les systèmes d'incubateurs sont maintenant assez nombreux, mais ils se rattachent, en définitive, à un type à peu près unique et sont construits d'après des principes identiques, n'offrant guère entre eux que les différences nécessaires à distinguer les provenances de tels ou tels ateliers de fabrication.

Il n'y aurait donc aucun intérêt, pour les lecteurs de cet ouvrage, à entrer dans des descriptions que les prospectus leur ont, d'ailleurs, fait connaître très largement.

Ce qu'il importe d'établir, c'est que tous les appareils d'incubation actuellement en usage peuvent faire éclore les œufs dans une proportion convenable, mais qu'aucune machine n'arrive à donner de bons résultats si elle n'est l'objet des soins les plus attentifs et si on ne la dirige avec une précaution infiniment plus grande et un concours de l'éleveur beaucoup plus direct qu'il n'est nécessaire pour l'incubation naturelle. Tant vaut l'homme, tant vaut le système.

Les personnes qui désirent s'adonner à l'incubation artificielle pour en faire quelque autre chose qu'une simple distraction doivent donc, tout d'abord, se persuader, sous peine des plus sérieuses désillusions, qu'elles ne sauraient se reposer sur la machine du soin de faire leur ouvrage ; bien loin de là, c'est l'éleveur qui doit, dans ce cas, remplacer les délicates attentions de la couveuse naturelle.

Vous choisirez à peu près indistinctement l'incubateur dont les dispositions vous sembleront les plus commodes, dont les dimensions et le prix se trouveront en rapport avec vos goûts et vos moyens sans attacher une trop grande importance, au point de vue de la réussite, à l'adoption de tel ou tel des systèmes qui se partagent actuellement la clientèle.

Nous avons vu, en suivant les phases de l'incubation naturelle, combien il est important d'assurer le calme du couvoir. En incubation artificielle, cette considération possède également une grande portée, mais, cependant, il faut, avant tout, se préoccuper de la facilité de pouvoir aérer convenablement la pièce choisie pour y déposer les incubateurs.

Autant que possible, on se trouvera bien de choisir une chambre qui, non seulement ouvre sur le jardin ou la cour, mais encore qui possède des portes donnant accès de droite ou de gauche sur d'autres pièces; de cette façon, il sera facile d'assurer une aération graduée très favorable au succès des couvées.

Veut-on donner de l'air extérieur, la porte de sortie sera ouverte ; devra-t-on aérer au moyen d'un courant d'air sans modifier la température de la chambre à couver d'une manière trop sensible, il suffit de créer un courant d'air en ouvrant les deux portes de communication. Nous recommandons particulièrement d'éviter les chambres qui ne seraient aérées et éclairées que d'un seul côté ; l'aération s'y effectue toujours d'une façon insuffisante, ou bien il faut laisser la porte ouverte pendant un laps de temps trop étendu, qui ne permet pas de régler convenablement la température de la chambre.

Le couvoir artificiel sera donc établi pour le mieux dans les bâtiments d'habitation. Il ne sera pas mauvais qu'il contienne un fourneau dans lequel on fera chauffer les quantités d'eau nécessaires à l'entretien de la température des tiroirs ; il est, en effet, nécessaire d'avoir cette eau à bonne portée, afin qu'elle ne se refroidisse pas et que l'on puisse compter ainsi, d'une manière à peu près mathématique, le nombre de degrés de chaleur qu'une quantité d'eau chaude communique à la masse liquide contenue dans la couveuse.

De plus, l'ébullition de l'eau aura l'avantage de produire une certaine humidité dans l'atmosphère et la chaleur humide est assurément nécessaire à l'éclosion des œufs.

C'est précisément sur cette question du degré d'humidité de la chaleur que se présentent toutes les plus grandes difficultés de l'incubation artificielle.

La chaleur communiquée par la poule est assurément humide, puisque c'est une chaleur animale. Elle n'a rien de commun avec celle produite par un four et, malgré le succès des manials Égyptiens, il paraît certain que l'absence d'humidité doit être nuisible à l'œuf.

Bien des avis sont donnés à cet égard, bien des procédés sont indiqués, mais des résultats précis ne viennent pas apporter la sanction de la pratique à tel ou tel système.

Les uns conseillent de tremper rapidement l'œuf dans l'eau tiède au moment où l'on ouvre les tiroirs afin de procéder au retournage ; les autres disent de mouiller les œufs avec un linge trempé dans de l'eau chaude, au même moment. Nous mêmes, nous avons placé dans les tiroirs d'incubation des vases plats remplis d'eau, dans la pensée que l'évaporation donnerait de l'humidité dans l'intérieur de l'appareil.

D'autres fois, nous avons remplacé les vases par des éponges mouillées, surtout au moment de l'éclosion.

Mais nous n'avons pas à constater des différences bien considérables entre les couvées ainsi conduites et celles pour lesquelles nous n'avons pas adopté cette précaution.

Si l'on voulait, d'ailleurs, expérimenter d'une manière plus approfondie, l'influence de l'humidité et de la chaleur sur le succès des éclosions, il serait facile d'introduire dans la plupart des incubateurs connus, une légère modification en faisant aboutir dans les tiroirs aux œufs, des tubes passant au dehors de l'appareil, fermés à l'aide d'un robinet amenant la vapeur qui se dégage de l'eau contenue dans les réservoirs, que l'on aurait soin, sans inconvénient, de ne remplir qu'à un niveau inférieur à l'orifice de ces tuyaux de prise de vapeur, comme cela a lieu, d'ailleurs, dans toutes les chaudières. On aurait ainsi, presque constamment, une buée se déposant sur les œufs, dans une proportion que l'on pourrait modérer en ouvrant plus ou moins le robinet. Personnellement, nous n'avons pas fait cette expérience, mais nous la conseillons aux amateurs qui n'hésitent pas à consacrer du temps et quelques menues dépenses à l'étude des intéressants problèmes de l'aviculture.

Les soins à donner aux couvoirs pendant l'incubation artificielle nécessitent à peu près autant de temps que ceux qu'exige l'incubation naturelle.

Vous n'avez pas, il est vrai, à vous occuper de la nourriture des poules, mais, par contre, il faut retourner les œufs, ce qui ne laisse pas que d'être une occupation assez astreignante.

Mêmes soins, d'ailleurs, d'aérer les couvoirs, d'en bannir toutes mauvaises odeurs et particulièrement celle qui provient des œufs gâtés, laquelle est assez nuisible pour asphyxier les poussins prêts à éclore.

Nous n'avons pas d'ailleurs à relater ici les procédés de

l'incubation artificielle maintenant trop connus pour qu'il soit utile de s'étendre à leur sujet.

Il est autrement intéressant d'examiner si, avec les appareils en usage l'incubation réussit ou non, et si elle peut augmenter dans une proportion importante, la production des volailles. — Ces deux points qui ont l'air de dépendre directement l'un de l'autre sont cependant distincts.

Il ne suffit pas en effet, pour augmenter la population galline d'augmenter plus ou moins le nombre des naissances. — Ce qu'il faut obtenir, c'est la quantité des sujets qui arrivent à l'état adulte après avoir traversé la période de la première enfance et de la jeunesse, période assez pleine de danger, jusqu'ou vous aurez pu observer en statistique des résultats satisfaisants, brillants même. Mais en réalité, vous ne ferez qu'augmenter les dépenses d'élevage, si la mortalité vient vous enlever, avant le moment d'en tirer un profit quelconque, nombre de sujets qui, depuis leur naissance jusqu'à leur mort n'auront figuré sur votre budget qu'au chapitre des dépenses.

Il est certain que l'incubation artificielle est non-seulement possible, mais encore qu'elle réussit lorsqu'elle est menée par des mains soigneuses et expérimentées. Que les couveuses actuellement en usage soient susceptibles de quelques perfectionnements, personne — pas même leurs constructeurs — n'oserait soutenir sérieusement le contraire.

Mais telles qu'elles sont, on peut en tirer un excellent parti.

Ce qui le prouve d'ailleurs, c'est le grand nombre de poussins que livrent au commerce MM. Rouillier, Arnoult, Voitelier, etc., dont l'industrie consiste à vendre non-seulement des appareils, mais encore des jeunes sujets. Assurément les machines que l'on emploie à Gambais, à Mantes, et encore ailleurs réussissent à donner de nombreuses éclosions, sans quoi leurs inventeurs seraient les premiers à y apporter de constantes modifications. Mais ce n'est pas dans l'incubation que consistent les principales difficultés de la production artificielle de la volaille — c'est dans l'élevage et nous aurons à y insister d'une façon toute spéciale. Toutefois il faut noter qu'une des grandes causes d'insuccès réside dans les œufs. Le plus souvent lorsqu'on emploie les couveuses mécaniques, c'est dans le but d'obtenir des couvées aussi nombreuses que possible et l'on est par conséquent conduit à acheter des œufs, pour les ajouter à ceux produits par son propre poulailler, étant donné même que l'on ne veuille pas commencer à constituer ainsi son troupeau de volailles. Or, est-on complétement certain de la situation exacte des œufs achetés au point de vue de la fraîcheur et surtout de la fécondation. — Assurément non.

Lorsqu'il s'agit d'œufs de races spéciales, achetés avec garantie dans de bons établissements d'aviculture, on a généralement lieu d'être rassuré ; les vendeurs qui en font l'objet d'un commerce régulier ont tout intérêt à satisfaire leur clientèle pour la maintenir et l'étendre ; ils réalisent d'ailleurs d'assez raisonnables bénéfices pour pouvoir vendre bon. — Mais lorsqu'on achète des œufs à tout venant, pris au hasard dans les fermes du pays, la même garantie n'existe assurément pas, des œufs trop âgés peuvent être mêlés aux œufs frais, et surtout des œufs non fécondés se trouver en proportion élevée.

Dans les basses-cours bien tenues, en effet, on surveille les coqs, on sait s'ils remplissent exactement leur rôle et s'ils ne se contentent pas au lieu et place de l'exercice de leur fonction, de quelques plaisanteries sans conséquence.

Dans les troupeaux un peu laissés à l'aventure et marchant parfois, comme dit le proverbe « à la va comme je te pousse » — il n'en est pas toujours ainsi. La fécondation des poules est parfois irrégulière. Il importe donc au

plus haut degré lorsque vous achetez des œufs pour les
mettre à couver, de ne les prendre que dans les maisons
où le poulailler est bien tenu, dirigé avec soin, et cette
précaution est aussi utile à observer que celle de ne s'approvisionner que d'œufs provenant de volailles bien en-
tretenues, de bonne conformation et de parfaite santé.

L'acquisition des œufs n'expose pas seulement à ce
danger. Leur transport n'est souvent pas sans inconvénient. L'œuf fécondé, en effet, ne doit pas être agité, sans
quoi le germe se trouve soumis à des déplacements qui
peuvent le détruire, tuer l'œuf à proprement parler. Les
œufs qui viennent de loin ne sont pas toujours ceux qui
courent le plus de risques car ils sont en général emballés
dans des conditions qui leur assurent le plus de sécurité
possible. Mais les œufs achetés à petite distance, trans-
portés dans des voitures souvent des moins douces, ca-
hotés parfois dans des chemins de culture sont souvent
très sujets à caution.

Le mieux, de beaucoup, est donc de commencer l'incubation artificielle avec de petites machines qui possèdent
de nombreux avantages.

Elles coutent moins d'argent, sinon moins cher que les
grands appareils, précieux avantage, puisque le risque
est ainsi plus limité pendant la période de début.

Tenant peu de place, elles peuvent s'installer sans diffi
culté et ne nécessitent que des quantités d'eau chaude
moins considérables, d'où petite économie de combustible et de temps.

Elles contiennent peu d'œufs, ce qui permet de les
garnir avec les seuls œufs du poulailler et par conséquent
d'éviter tous les risques fàcheux de la non fécondation et
du transport. Dans le cas où la couvée confiée à la machine devrait justement servir à commencer le peuple-
ment du poulailler, il faudrait ne pas hésiter à mettre aux
œufs le prix nécessaire pour les avoir de bonne race;

quant à commencer un poulailler mieux vaut faire une très légère dépense complémentaire et s'assurer la possession de bons reproducteurs.

Supposons mise en marche notre petite couveuse, le travail est simple jusqu'à l'éclosion et les partisans déterminés de l'éclosion artificielle, ont beau jeu à démontrer les avantages de leur système sur le couvage par les poules. C'est seulement au moment où l'éclosion va avoir lieu que l'éleveur devra surveiller la machine avec une attention toute particulière, car les derniers moments passés dans l'appareil sont inconstestablement les plus dangereux pour les poussins.

Il est certain que les œufs qui ont de la difficulté à éclore, ceux qui ne se trouvent pas dans toutes les conditions normales se tirent moins facilement d'affaire dans les tiroirs de l'incubateur que sous l'aile de la poule. Et cette différence, à la réflexion, s'explique aisément. Quelque parfaite que l'on suppose une machine, il est incontestable que la machine naturelle, dans une œuvre de nature, lui devra rester supérieure ; or si les poussins robustes se passent assez aisément de ce surcroit de confortable, de soins, de concours inappréciables souvent pour les yeux les plus exercés, l'on conçoit que les valétudinaires, les faibles même, moins bien armés pour la résistance, ne puissent s'en passer.

La régularité parfaite de la chaleur, l'enlèvement des œufs qui donnent une mauvaise odeur, l'enlèvement des coquilles lorsque l'éclosion commence, l'aération donnée aussi largement que pendant tout le cours de la couvée sont assurément de fort bonnes précautions. Les poussins qui viennent d'éclore, et même ceux qui, encore dans la coquille, arrivent à la période d'éclosion, ont grand besoin d'un air pur, dégagé de toute mauvaise odeur et il semble que l'asphyxie soit la cause déterminante de la mort dans la plupart des éclosions tardives, lorsque le retard de l'éclosion, ou même l'impossibilité d'éclore ne sont pas occasionnés par une difformité, une cause extérieure et visible.

Sous réserve de ces observations, nous pouvons admettre :

1° Que l'incubation artificielle donne à peu près une même proportion de naissance que l'incubation naturelle :

2° Que les poussins éclos dans l'incubateur sont aussi vigoureux *au moment de l'éclosion* que ceux qui naissent sous les plumes de la poule. Ce fait, nous le savons a été souvent contesté mais c'est à tort selon nous. Le poussin éclot ou il n'éclot pas. Si les conditions de chaleur dans lesquelles on l'a placé sont suffisantes, il n'y a aucun motif pour qu'il n'arrive pas au jour avec toute la vigueur qu'ont pu lui donner ses générateurs.

3° Que les éleveurs feront sagement en s'initiant à la pratique de l'incubation artificielle afin de pouvoir s'en aider pour augmenter leur production.

Faut-il conclure de ces concesions, déjà larges, faites à l'esprit de progrès que *l'usine à poulets*, puisse décidément sortir du domaine des rêves pour entrer dans celui de la réalité industrielle ? Telle n'est pas notre conclusion; si l'éclosion artificielle, en effet, ne présente pas de trop grandes difficultés, il en est tout autrement de l'élevage.

Que le lecteur note bien ceci, pour sa gouverne. Les établissements, d'ailleurs fort intéressants et fort bien dirigés, dans lesquels on construit des machines avicoles et qui, comme démonstration de l'efficacité des appareils qu'elles fabriquent, font des couvées sur une assez grande échelle, réussissent à faire éclore de grandes quantités de volailles.

Il est vrai.

Mais ces jeunes sujets sont immédiatement vendus — la plupart du temps même ils naissent sur commande. Ils quittent l'établissement à l'âge de vingt-quatre heures, de quarante-huit heures au plus, c'est-à-dire avant le commencement de la période critique, pour être expédiés souvent au loin ; ce commerce de poussins tend même à prendre une assez grande extension et des incubateurs bien dirigés peuvent donner, dans cet ordre d'idées, de bons produits lorsqu'on à su se former une clientèle fidèle d'acheteurs.

Mais si nous voyons la plupart de nos grands fabricants de machines être en même temps de grands fabricants de poussins, par contre nous n'en voyons guère qui soient réellement de grands fabricants de poulets. On a bien, dans des parcs, un nombre plus ou moins grand de reproducteurs, mais cela est quelquefois pour la montre et, d'autre part, le nombre des animaux qu'on élève est loin de monter assez haut pour que l'éducation en soit difficile.

C'est là le point qu'il faut exactement apprécier pour l'éleveur qui fait naître et vend à l'état adulte, s'il ne veut pas se laisser séduire par des mirages assez chatoyants et tromper par les apparences.

Oui, il est parfaitement exact que vous pouvez, avec les machines, une fois que vous en possédez la pratique, arriver à une grosse production, mais arriverez-vous à élever tous ces orphelins ? Comme disent les Anglais : *That is the question*. Là est la question ; là est le danger.

Au moment où les poussins, frais éclos, sont placés dans la sécheuse, et encore mieux deux ou trois heures après, lorsqu'ils sont bien essuyés et commencent déjà à se tenir assez exactement sur leurs pattes, ils offrent un fort réjouissant spectacle pour l'amateur.

Comme ils sont vigoureux ! Les voilà qui mangent comme si papa et maman étaient là pour le leur apprendre.

Telles sont les exclamations de bienvenue qui saluent d'ordinaire les nouveau-nés.

Ces exclamations nous les connaissons, pour les avoir poussées,

Mais nous allons suivre pas à pas, attentivement, l'existence des poussins, et nous allons, à chaque instant pour ainsi dire, signaler les écueils des éducations artificielles.

Que voyons-nous dès le séjour dans le séchoir ? Voici nos poussins qui se groupent dans les angles, s'y amassent, s'y pelotonnent.

Pourquoi ?

Parce qu'ils ont le besoin instinctif de se nicher, de s'appuyer contre quelque chose, de chercher l'endroit le plus chaud. Or la chaleur se concentre dans les angles ; cette vérité physique ne serait-elle pas connue, que la conduite de nos jeunes élèves suffirait à la démontrer.

Qu'arrive-t-il alors ? Tout le monde ne peut pas être le plus fort — tout le monde ne peut avoir les meilleures places — cela est aussi vrai pour les bipèdes emplumés que pour les bipèdes sans plumes.

Ceux qui ne peuvent parvenir à occuper le coin, ou les voisinages du coin, ont donc moins chaud que les autres, pas assez chaud même peut-être puisqu'ils ont recherché à obtenir par la bousculade une position jugée apparemment meilleure ? Mais si les déshérités souffrent par insuffisance, les heureux souffrent assurément par excès. Lorsqu'on est un poussin de deux heures, ce n'est pas très doux de se sentir écrasé contre la paroi d'une boîte fût-elle même doublée d'une flanelle généralement peu épaisse ?

D'autre part, la respiration de ceux qui sont étroitement bloqués dans l'encoignure ne doit pas être facile. Enfin lorsqu'ils veulent absolument changer une position qu'ils ont ambitionnée, mais qui, à la pratique, leur est devenue intolérable, vous les voyez se précipiter sur les compagnons, usant de nouveau du droit le plus fort, auquel ils ont déjà dû leur premier succès, et leur passer littéralement sur le dos. Pour ceux qui sont en dessus, cette manœuvre peut constituer peut-être un exercice hygiénique, mais il n'en est assurément pas de même pour ceux qui sont en dessous.

L'infirmité que l'on constate souvent le second jour seulement et qui se manifeste par l'allongement apparent et le grand écartement d'une des pattes, pourrait bien provenir dans certains cas, de cet écrasement. Le poids d'un poussin est peu de chose en soi-même, sans doute, mais c'est beaucoup à porter pour les forces d'un autre poussin.

Au premier abord cela semble une joie pour l'éleveur inexpérimenté ! Sont-ils vifs, sont ils bien vivants !

C'est parfait, mais attendons la fin. Quelque bien capitonnée que soit la boîte vitrée, n'est-il pas supposable et certain même que les petits se trouvent mieux sous le ventre de la poule.

Ici pas d'étouffement, la chaleur est sensiblement la même partout, il n'y a du moins que des différences infinitésimales. L'air circule librement, la mère peut se soulever un peu plus ou un peu moins, ébouriffer plus ou moins ses plumes selon que son instinct lui indique qu'il convient d'élever ou d'abaisser la température de ses élèves.

Personne n'éprouve le besoin de faire de l'équitation sur le dos de ses camarades; chacun se chauffe sans refroidir les autres.

Nous sommes ici, d'une façon complète dans le domaine de l'observation ; c'est à elle que l'éleveur devra ses succès ou ses mécomptes. Tous les raisonnements, toutes les théories, tous les systèmes doivent s'effacer devant les faits. Si l'on se demande souvent pourquoi tel élevage réussit tandis que tel autre périclite, alors que les mêmes procédés ont été employés de part et d'autre, dans des conditions identiques de races, de terrain, d'alimentation, c'est dans le plus ou moins d'observation de l'éleveur qu'il faut chercher la cause déterminante du résultat.

. Les livres, celui-ci comme les autres, peuvent bien résumer les meilleurs préceptes de la science avicole, contenir des indications précieuses surtout lorsqu'ils sont écrits sans parti pris et que les affirmations qu'ils expriment ont pour base une pratique étendue, mais, c'est le livre de la nature que l'éleveur doit lire et relire sans cesse. Les livres des hommes sont en quelque sorte comme ces ouvrages de traduction, d'explication, qui peuvent bien aider à comprendre, à apprécier un texte original, mais ne sauraient le remplacer pour les vrais érudits.

Si nous examinons nos poussins au moment où on leur donne les premières nourritures, généralement des mies de pain, et que d'autre part nous regardions les petits conduits par la poule lorsqu'ils commencent leur premier repas, ne voyons-nous pas une différence très grande entre les orphelins et les petits pourvus d'un guide naturel ?

Tandis que les uns ingurgitent, sans règles ni loi, une nourriture peut-être un peu trop échauffante, ceux-là sont dirigés ; évidemment ce qu'ils mangent, c'est la poule qui le choisit, qui le prépare pour ainsi dire. Quantité et qualité sont réglées, autant du moins que la nourrice en est maîtresse, pour le plus grand bien des nourrissons.

Qui donc oserait soutenir qu'il n'y a pas de différence entre ces deux manières d'être ? Nous le répétons, l'observation scientifique n'existe pas ici pour ainsi dire ; il peut être difficile de préciser d'une manière absolue, tant que le poussin est bien portant, jusqu'à quel point l'hygiène de ses premiers jours influe sur la façon dont il passera les périodes dangereuses de la troisième semaine.

Mais, si l'observation-scientifique est en défaut, l'observation pratique, par contre, n'indique-t-elle pas la supériorité de condition de ceux qui ont la compagnie d'une mère. Rien de ce qu'a institué la nature n'est inutile.

Partons de ce principe, il est certain. Voici maintenant des jeunes élèves sortis de la sécheuse et pourvus d'une mère artificielle. Ces appareils sont connus. Ils se composent, avec des formes variées, d'une boîte en bois renfermant un récipient à eau chaude et sous laquelle les poussins peuvent se réfugier. Cette boîte se trouve placée au-dessus d'un cadre également en bois, qui sert de promenoir aux poussins et est généralement fermé, pour la partie de sa superficie non couverte par la boîte, au moyen d'un vitrage mobile.

Telles sont généralement les éleveuses artificielles qu'on trouve dans le commerce. Nous n'hésitons pas à manifester à l'égard de ces appareils la méfiance la plus absolue, et malheureusement le plus justifiée car ils nous ont personnellement causé, dans notre élevage, des pertes considérables.

Nous ne connaissons pas d'appareil de cette catégorie qui puisse, à proprement parler, être recommandé, car tous ont les mêmes défauts. On nous objectera que nombre de poussins arrivent à l'âge adulte sans autres moyens d'éducation que les procédés de l'élevage artificiel et n'en sont pour cela ni poulettes moins acortes ni moins fiers coqs. Soit.

Mais nous ne nous plaçons pas au point de vue de l'élevage d'amateur. Ce qui nous intéresse, c'est l'élevage pratique, celui que l'on fait pour gagner de l'argent. Et si nous nous plaçons dans cet ordre d'idées pour discerner ce qu'il convient de faire et ce qu'il convient d'éviter, c'est que ce qui est bon pour l'élevage industriel est toujours, à plus forte raison, favorable à l'élevage d'amateur, tandis que la réciproque est loin d'être exacte.

Toute la difficulté de l'élevage industriel, lorsqu'on veut pousser à la production et ne pas laisser son troupeau s'augmenter seulement au gré du hasard, consiste dans la difficulté de faire vivre d'abord et ensuite d'entretenir d'une manière à la fois confortable et économique un grand nombre de sujets; s'il s'agit de quelques individus seulement, la situation n'est pas la même.

Mettez quelques poulets dans une mère artificielle quelconque, ayez pour eux tous les soins requis, il est probable que vous les tirerez d'affaire. Mais faudra-t-il conclure du petit au grand et par ce succès partiel vous trouver encouragé à tenter plus large expérience. Non, assurément.

Consultez les catalogues des fabricants de machines et confiez à n'importe laquelle de leurs éleveuses artificielles la moitié des poussins auxquels elle est sensée pouvoir donner asile et voyez les résultats que vous obtiendrez.

Tant qu'ils seront éveillés, dans le préau dont nous avons parlé et que sa couverture de verre met à l'abri de la pluie, les élèves ne seront pas, somme toute, trop mal. Le local sera bien petit assurément; il sera même tout à fait insuffisant si vous avez eu l'imprudence de confier à l'éleveuse le nombre réglementaire de poussins auxquels elle est officiellement destinée.

Mais enfin, étant donné que vous aérerez suffisamment en ouvrant les chassis, étant donné surtout que ce petit parc ne doit rester fermé que pendant les premières journées tout au plus, ce n'est pas précisement au promenoir que les élèves se trouvent le plus mal à l'aise.

Quant à la chambre à coucher c'est une autre affaire. Sous la boîte de bois qui a la prétention de remplacer l'aile maternelle, il fait chaud à la vérité. Mais quel air trouvons-nous?

Un air vicié par la respiration des poussins et par les déjections. Je sais que la boîte est mobile, qu'il est recommandé de la lever souvent, de nettoyer soigneusement le dessous et que vous observerez avec attention ces prescriptions hygiéniques. Mais quoique vous fassiez il est certain que la poule qui laisse pénétrer l'air extérieur entre ses plumes, de même qu'elle laisse échapper l'air vicié par les petits placés sous elle, la poule qui se penche, qui se nettoie, qui renvoie les amateurs de chaleur lorsqu'elle juge qu'ils ont trop chaud, est un édredon autrement doux que la boîte la mieux capitonnée.

Voyons comment les petits vont se comporter sous notre machine maternelle. Ce que nous avons vu dans la sécheuse se reproduit ici d'une manière autrement dangereuse pour la vie des élèves.

Cette idée de lutte pour la suprématie qui semble animer les volailles depuis leur naissance jusqu'à leur mort — et que d'hommes sont poules sur ce point ! — va porter les poussins à conquérir les places du fond, qui, plus chaudes leur paraissent momentanément les plus agréables. La bousculade qui se produit pour escalader les juchoirs mal construits dans les poulaillers d'adultes, a lieu chaque fois que vient l'heure du coucher sous la mère artificielle. Le but n'est pas, il est vrai, de gravir le plus haut échelon ; mais il s'agit toujours, en définitive, de dominer ses semblables en les écrasant quelque peu.

Combien de fois n'est-il pas arrivé, à nous et à d'autres, en venant au matin lever les poussins, de retirer de dessous la mère artificielle — cette mère à laquelle conviendrait mieux le nom de marâtre — de nombreux cadavres, généralement gluants, d'une humidité froide, ce qui est un des indices de la mort par asphyxie. Il est facile de reconstituer la scène du drame nocturne si préjudiciable aux intérêts de l'éleveur. Sous le plafond toujours assez bas de la boîte un entassement se produit, les poulets qu'écrasent les bords tendent toujours à s'enfoncer davantage dans la masse chaude formée par leurs frères et cousins et dans cette poussée continue, la mort arrive toujours pour un certain nombre.

De plus, ce ne sont pas ici les moins énergiques ceux qui ont à parcourir la carrière la moins brillante et la moins fructueuse qui périssent, et les regrets de l'éleveur n'en doivent être que plus sensibles.

Cette contradiction apparente s'explique aisément.

Au premier moment, en effet, les plus robustes arrivent à occuper ces places du fond si enviées et destinées à devenir si dangereuses.

Puis, peu à peu la constante poussée des autres — quelque chose comme la marée montante du populaire débordant les classes privilégiées — met les premiers occupants quelque peu à la gêne — et cette gêne devient, de l'oppression, puis de la torture. Les poussins ainsi mis en presse auront-ils la force de se déplacer, de regagner des régions douces et un air plus respirable, leur salut est à ce prix. Seront-ils, au contraire dans l'impuissance d'exécuter ce changement de front, de se retourner leur perte est certaine. Et nous le répétons, nous n'avons que trop fait cette expérience avant d'avoir reconnu que la faute était à la machine et qu'à nulle autre cause ne devait être attribuée la rapide diminution du troupeau.

Les défauts que nous venons de signaler nous semblent d'ailleurs communs à toutes les mères artificielles et, tant parmi celles dont nous avons employées que parmi celles dont nous avons examiné les modèles, il n'en est guère de meilleures les unes que les autres.

La demeure des jeunes poussins que la fantaisie de l'éleveur, ou quelque circonstance, a privés de leur éducatrice naturelle, doit être construite économiquement par l'éleveur lui-même, car c'est vraiment trop de payer fort cher d'aussi déplorables auxiliaires que le sont ces machines.

Voici la description d'une mère artificielle des plus simples et dont le fonctionnement nous paraîtrait se rapprocher de celui de la mère naturelle. Supposons un tube arrondi en forme de turban muni d'une ouverture à bouchon par laquelle on puisse introduire l'eau chaude et évacuer l'eau refroidie ; autour de cette couronne pendra un morceau d'étoffe de laine, de drap épais, de peau de mouton, de telle façon que l'éleveuse étant maintenue, au dessus du sol en la tenant à la main, cette draperie tombe à peu près jusqu'à terre. Afin que le poussin puisse facilement entrer sous la couronne et en sortir, la draperie sera fendue en trois ou quatre endroits selon la dimension, de telle façon qu'elle cède facilement à la moindre pression.

Pour soutenir notre couronne d'eau chaude à une élévation suffisante du plancher, nous l'attacherons par des fils de fer à un léger cadre en bois soutenu par quatre montants également en bois. Ceci, comme l'on voit, n'est rien à construire, d'autant plus que si l'on éprouve quelques embarras à trouver ou à façonner le tube à eau chaude en forme de couronne, on pourra lui donner la forme d'un triangle ou d'un rectangle sans grands inconvénients.

Au-dessus du cercle d'eau chaude, à peu près comme l'on tend la peau sur un tambour de basque, tendez soit une étoffe de laine épaisse et double, entre les deux parties de laquelle on pourra utilement mettre une feuille de fort papier, qui est un très mauvais conducteur de la chaleur et en empêchera par conséquent la déperdition dans une large mesure.

Si même on désire posséder un appareil de construction plus achevée et empêcher l'abaissement trop rapide de la température de l'eau chaude, rien n'empêche, comme cela a lieu dans la plupart des éleveuses d'entourer le tuyau à eau d'un manchon en bois. Le grand point est que l'éleveuse soit suspendue au-dessus du sol et que de tous côtés les poussins puissent y entrer comme en sortir.

Voyons maintenant comment les élèves useront de cet abri. Au lieu de se trouver concentrée au milieu, ou dans les coins, la chaleur sera plus forte sur le pourtour; c'est-à-dire directement au-dessous de l'eau chaude, du moins la chaleur rayonnant directement de cette eau. Par contre, la chaleur animale, provenant de la présence même des poussins, aura tendance à être plus forte au centre que sur les bords.

La chaleur de l'eau étant supérieure en la circonférence; la chaleur produite par l'aglomération des poussins, étant, au contraire plus forte vers le centre, il y aura équilibre parfait et il est certain que sur toute la surface couverte par l'éleveuse que nous venons de décrire, la chaleur sera à peu près égale. Il n'y aura donc pas plus de combat sous cette mère artificielle que sous la mère naturelle. Chacun s'y casera aisément sans gêner ses voisins.

Comme aucune barrière ne la ferme, qu'elle n'est d'aucun côté délimitée par un corps dur les poussins qui ont trop chaud peuvent toujours en sortir sans peine ; se raient-ils même au centre du bataillon, rien ne s'opposera à leur retraite. Ils sortiront aussi librement que s'ils se trouvaient sous la poule.

Nous n'avons vu cette sorte d'éleveuse dans le catalogue d'aucun fabricant d'appareils avicoles ; mais le bon sens indique qu'elle peut en être l'utilité toutes les fois qu'il s'agira d'élever des poussins sans mère. Elle est facile à construire sans excéder les moyens matériels et intellectuels des premiers ouvriers venus ; l'éleveur la construira d'ailleurs lui-même, car quelque habileté manuelle est absolument indispensable lorsqu'on veut se livrer à l'aviculture ; il faut savoir, comme l'on dit, planter des clous.

Même sans poule, au moyen des dispositions que nous venons d'indiquer, nos poussins sauront donc où trouver la chaleur et le repos qui sont aussi indispensables à leur vie que la nourriture elle-même.

Mais l'on ne peut toujours rester au logis.

Le moment de la promenade est venu. Il faut donc faire sortir les poussins. Nous n'avons pas à rééditer ici ce que nous avons dit en décrivant le terrain d'élevage. Ce qui nous intéresse maintenant ce n'est plus tant le promenoir que la manière d'être du promeneur.

Lorsque les poussins sont lâchés, surtout lorsqu'on leur accorde, ce qui est d'ailleurs très utile, un circuit assez étendu, il faut exercer sur eux une surveillance incessante, absolument comme sur des écoliers en récréation.

Ceux-ci resteront trop volontiers exposés aux ardeurs du soleil ; ceux-là, par contre iront dans les parties humides plus qu'il ne conviendrait à l'hygiène de leurs pattes. Ce mauvais sujet, qui déjà se croit coq, s'éloignera par trop si le promenoir n'est pas suffisamment limité ; ces autres, par contre, un peu timides ne prendront pas d'exercice suffisant.

Le poussin aura trop chaud au soleil et prendra une congestion.

Le poussin aura froid, souffrira de l'humidité : le poussin mangera des substances indigestes. Qu'arrivera-t-il ? Il sera malade. Or, la maladie pour lui équivaut bien souvent à la mort. Et, somme toute, sauf le regret que notre jeune ami éprouvera à quitter l'existence, c'est l'éleveur qui, selon l'expression pittoresque, « paiera les pots cassés. »

En vérité voilà une troupe de collégiens bien indisciplinés, dira-t-on, et dont la surveillance nécessiterait un actif professeur ; voici une compagnie de bambins qui se trouveraient fort bien d'être sous la férule d'une bonne d'enfant, douce et autoritaire.

C'est précisément à cette vérité que nous voulons conclure.

Il est là le surveillant actif ; présente la précieuse bonne d'enfant. Non pas en bois, plus ou moins bien disposé, plus ou moins habilement capitonné de peau de mouton ou de drap, mais bien en chair et en os, et en plumes douillettes et chaudes d'une chaleur vivante.

C'est la poule.

Tant qu'on n'aura rien inventé de meilleur que les combinaisons naturelles, c'est la poule qui saura le mieux l'art d'élever les poussins. Tous les auteurs s'accordent d'ailleurs à ce point de vue et il est vrai de dire que vouloir conduire à bien un élevage important sans recourir aux poules est une dangereuse herésie.

Absolument parlant, et si l'on ne tient pas compte des indications que donne par la perte ou le gain la comptabilité du poulailler, l'entreprise n'est pas impossible. Nous mêmes nous avons élevé dans ces conditions des centaines de volailles ; mais nous ne conseillons personne d'entreprendre aussi périlleuse aventure. Que de soins ne faut-il pas prendre et quel apprentissage il faut faire !

« La poule, selon l'heureuse expression de M. Gayot, n'a besoin, elle, d'aucun apprentissage pour remplir ses fonctions et pourtant avec quelle perfection elle s'en acquitte.

Elle est fière de sa couvée ; elle ne cesse pas un seul instant de s'en occuper activement ; elle n'existe que pour elle. Tantô elle conduit ses poussins en les invitant à la suivre, en les appelant par un gloussement bas et répété ; tantôt elle s'arrête pour les recevoir sous ses ailes, qu'elle entr'ouvre en s'accroupissant et les réchauffer sous ses plumes, qu'elle hérisse ; elle souffre avec une douce satisfaction que les uns se jouent sur son dos et que les autres la becquètent ; elle se prête à tous leurs mouvements, auxquels elle paraît se plaire ; elle leur abandonne ou du moins elle leur partage la nourriture qu'elle a trouvée en les appelant par une intonation de voix bien comprise.

Si la pâtée qu'on distribue aux poussins manque, la mère gratte la terre pour y découvrir et en tirer des vers, dont les petits sont friands. Rien en vérité n'est comparable aux occupations d'une poule qui élève ses poussins... »

Faut-il conclure de ce que nous disons que le rôle de l'éleveur devra se borner à être presque exclusivement passif. En aucune façon. Mais il faut pour réussir en toute industrie, bien diviser le travail ; en aviculture il faut le répartir avec intelligence entre l'homme et l'animal. Incubation artificielle, ou naturelle ; élevage artificiel et élevage naturel, tout à sa raison d'être dans de certaines proportions.

Ne pas contrarier la nature, suivre ses indications précieuses et les interprèter, n'oblige pas à s'endormir dans la routine et l'inaction. Laisser aller la multiplication du troupeau à la seule fantaisie des volailles, est un mauvais système de multiplication rapide et telle fermière qui se glorifie d'obtenir sans grands soins, cent poulets, en obtiendrait aisément quatre cents si elle voulait s'en donner la peine.

Quelle est la marche à suivre, en somme ; est-elle donc si compliquée ?

Assurément non.

Choisir les meilleures pondeuses et au besoin acheter des œufs dans le voisinage si le nombres poules qui demandent à couver le comporte.

Veut-on forcer de beaucoup la production ? C'est alors que l'emploi d'un incubateur de moyenne dimension peut être pratiquement utile. Nous mettrons la machine en action en même temps que les poules, ou mieux encore un jour avant, car on a souvent remarqué que la couveuse naturelle devançait de quelques heures la couveuse artificielle. Au moment de l'éclosion non seulement nous pouvons, à l'aide des petits éclos dans l'incubateur, remplacer sous les poules les œufs non éclos, mais encore porter à quinze ou seize poussins le nombre de chaque famille, alors que la poule ne peut guère couver, en moyenne, plus d'une douzaine d'œufs.

Nous avons expérimenté souvent qu'une forte poule, surtout si on lui donne le concours de bonnes boîtes à élevage, peut parfaitement conduire une vingtaine de poussins. Laissée absolument aux libres impulsions de l'instinct, la couveuse emplumée abandonne souvent pour s'occuper des premiers-nés, les œufs non éclos, de telle façon que sur douze œufs pouvant arriver à bien, huit, neuf et parfois moins donnent naissance à des petits. Gardée au contraire et doucement contrainte, la même couveuse deviendra, sans grande fatigue, l'éducatrice d'une vingtaine de poulets.

Entre les deux situations la différence est grande, on le voit.

Une grande partie du mérite de l'éleveur, si ce n'est même son mérite tout entier, consistera donc à bien connaître ses volailles et à apprécier exactement les aptitudes de chacune d'entre elles, afin de marquer d'un signe, non seulement les bonnes couveuses, mais encore les bonnes éducatrices : ces deux qualités, il est vrai, se réunissent d'ordinaire chez les mêmes sujets.

A différentes reprises, nous avons remarqué chez certaines poules une propension véritablement spéciale à ce rôle si utile de bonne d'enfant. Une, entre autre, a elevé successivement plusieurs générations de poulets. Tous les huit jours environ on lui enlevait ses pupilles, qui étaient veudus comme poussins et on remplaçait les partants par des nouveau-nés de la veille; la substitution s'accomplissait la nuit et avec précaution. La nourrice n'a jamais témoigné ni découragement, ni incompréhension de constater que ses enfants, bien soignés cependant, rapetissaient ainsi du soir au matin d'une façon périodique. Après plusieurs semaines de travail nous avons fini par lui donner congé et la rendre à ses devoirs d'épouse. La ponte, naturellement, était interrompue, mais nous avons estimé, malgré cela, que la poule, à laquelle nous rendons un reconnaissant hommage, n'était assurément pas de celles dont nous avions le moins profité. Il ne faudrait pas évidemment, pour la bonne économie d'un élevage qu'une semblable persistance, nuisible à la ponte, se manifestât chez un très grand nombre de volailles; mais l'aviculteur bien inspiré saura employer ses sujets selon leurs aptitudes, absolument comme une bonne maîtresse de maison répartit a propos le travail entre ses domestiques, ne met pas la fille de ferme à la cuisine et la cuisinière à la basse-cour.

Que l'on s'aide ou non d'un incubateur il sera donc facile, avec des soins attentifs d'augmenter la population du poulailler.

Faire naître beaucoup et empêcher de mourir... jusqu'à ce qu'on y aide, là se résument, en définitive, le but et le moyen de toute entreprise d'élevage.

CHAPITRE IV

DES MALADIES

Poule malade, dit-on, poule perdue ; cet adage ne manque pas d'une certaine dose de justesse.

Et cependant, il importe d'examiner avec soin les maladies des volailles et même de chercher à préciser les moyens de guérison dont l'emploi peut avoir un caractère d'utilité réellement pratique.

Voici le résumé rapide des affections qui atteignent d'ordinaire les volailles, et l'indication du traitement à leur opposer.

CONSTIPATION

La constipation ne s'attaque guère qu'aux poules enfermées dans une basse-cour étroite et privées de nourriture verte. Les couveuses, surtout lorsqu'on les fait couver deux fois de suite y sont plus spécialement exposées.

Traitement. — On donne de la salade, des épinards, du pourprier, de l'oseille, du son mouillé. En cas de constipation opiniâtre, un peu de manne fondue dans de l'eau à laquelle on peut ajouter un peu de farine.

MALADIE DU CROUPION

C'est une affection grave, qui est toujours accompagnée de constipation et devient ainsi plus dangereuse encore. Elle a fréquemment pour cause la malpropreté du poulailler. La poule devient triste, porte bas la tête, cesse de gratter et mange très peu.

Traitement. — Le traitement est avant tout chirurgical car le mal se manifeste sous forme d'une tumeur au-dessus du croupion, tumeur qu'il faut ouvrir à l'aide d'un instrument bien tranchant. Lorsque la tumeur a été complètement vidée du pus qu'elle contient, on doit laver la plaie avec de l'eau vinaigrée ou salée, ou mieux encore mélangée de vin. On l'enduit ensuite, ainsi que tout le pourtour du mal avec de la pommade camphrée. Ce traitement se complète par des soins analogues à ceux que nécessite la constipation. La malade doit être sequestrée, tout en gardant, bien entendu, la faculté de se promener.

DIARRHÉE

C'est une affection guérissable, mais qu'il faut surveiller avec soin, car, si elle n'abat pas la malade du premier coup, ce qui aurait du moins l'avantage de signaler aussitôt le mal, elle mine ses forces de telle façon que les ravages sont déjà assez graves lorsqu'on s'en aperçoit. La diarrhée a presque toujours pour cause l'excès d'humidité ou une nourriture par trop rafraîchissante.

Traitement. — Du pain trempé dans du vin ou dans du cidre et surtout un régime alimentaire sec sont les meilleurs agents curatifs. Il peut-être utile également,

surtout pour des volailles que l'on tient à conserver et qui
ne peuvent passer par la cuisine sans perte pour l'éleveur,
d'administrer des infusions de camomille dans du vin.

PÉPIE

Voilà une affection assez commune et qui cause aux
propriétaires de volailles des pertes vraiment sensibles.
Il est vrai que c'est presque justice car la pépie provient
le plus souvent du manque et surtout de la mauvaise qua-
ité de l'eau mise à la disposition des poules.
l

Traitement. — Les auteurs sont très divisés sur le mode de
traitement de la pépie. Voici comment s'exprime M. Jacques
à l'égard de cette maladie qu'il considère à juste titre comme
un chancre aphteux... « Une coutume barbare, aussi ridicule
qu'abominable consiste à arracher aux volailles la partie
cornée de la langue, partie aussi naturelle de cet organe
que l'ongle l'est du doigt. J'ai vu des gens prendre une
poule malade, lui visiter l'intérieur du bec, puis s'apper-
cevant qu'elle était affectée du chancre ou aphthe, s'ar-
mer promptement d'une épingle, et arracher à la malheu-
reuse bête le bout de la langue. Par précaution on visitait
toutes les volailles de la basse-cour. Toutes ayant le bout
de la langue corné il était décidé que toutes avaient ou
allaient avoir la pépie, et alors tout le monde de se mettre
à la besogne et d'estropier la basse-cour entière.

Madame Millet Robinet est d'un avis diamétralement
opposé. Dès que la poule cesse de manger, dit-elle, dès
que son chant devient rauque et qu'elle se tient à l'écart,
la bouche souvent ouverte et qu'une pellicule cornée se
développe à son extrémité, on doit enlever doucement
ladite pellicule avec une aiguille ou une épingle et laver
ensuite la langue avec de l'eau vinaigrée.

M. Jacques pense qu'il suffit de gratter avec une spatule en bois les mucosités épaisses qui se manifestent sur la langue comme dans la bouche et que, de plus, des aliments rafraîchissants, millet, pâté de farine d'orge, herbages et eau propre, sont les meilleurs adjuvents des traitements. Dans notre pratique, nous avons eu souvent à nous occuper de la pépie ; nous reconnaissons que la partie cornée de la langue existe à l'état normal, peu développée ; mais l'état de maladie qui rend cette partie de la langue plus épaisse et réellement apparente appelle souvent un remède plus énergique qu'un simple traitement rafraîchissant. A l'état normal nos ongles nous sont utiles et nous n'avons garde de les arracher. Il en est de même de la membrane cornée de la langue des poules. Mais, lorsque nos ongles deviennent incarnés nous les enlevons en partie ; de même il convient d'enlever la membrane dont nous nous occupons lorsque, par excès d'épaisseur, elle gêne les fonctions de l'organe qui la porte. La poule aphteuse refuse de manger et dépérit rapidement ; par conséquent le traitement par alimentation rafraîchissante est totalement insuffisant quand le mal a atteint une certaine intensité. C'est une question d'appréciation mais il n'y a pas lieu d'hésiter, le cas échéant, à appeler la chirurgie au secours de la médecine.

PLAIES

Les plaies sont assez fréquentes parmi les volailles, parmi les coqs surtout. Il faut les traiter avec soin, car elles pourraient étant négligées s'envenimer et être envahies par la vermine.

Traitement. — Un bon traitement consiste dans le lavage avec un peu d'eau-de-vie étendue d'eau, à laquelle on ajoute 3 à 4 gouttes de laudanum. Il va sans dire que pour les plaies sans aucune importance, un peu d'eau alcolisée suffit puisque le rôle du laudanum consiste seulement à calmer la douleur.

LA GOUTTE

La goutte exerce d'assez grands ravages dans les poulaillers. Elle se manifeste, comme chez l'homme, par l'enflure douloureuse des membres inférieurs. Il n'est pas possible dans la pratique de soigner utilement cette affection et le plus sage est d'immoler les volailles qui s'en trouvent atteintes ; mais si le traitement curatif de la maladie des pattes, ainsi que l'on nomme la goutte est réellement impraticable, il n'en est pas de même du traitement préventif. La goutte provient presque toujours de l'humidité du poulailler; détruisez les causes, vous détruirez les effets. Les volailles doivent toujours être logées au sec, et s'il n'y a nul inconvénient à leur laisser parcourir — aux adultes bien entendu — des terrains humides, il est indispensable qu'elles puissent toujours, dès qu'elles le désirent se réfugier dans un endroit sec.

CATHARRE NASAL

Le catharre nasal est une maladie contagieuse et très grave ; en effet, si elle se manifeste seulement par les muqueuses du nez, elle affecte à la fois toutes les muqueuses. La maladie est éminemment contagieuse. Tout sujet soupçonné devra être immédiatement isolé, puis sacrifié si le mal se caractérise et enfoui profondément car il serait dangereux de le livrer à la consommation.

TOUX

La toux des poules est une maladie vermineuse. On sait que la présence des vers intestinaux chez les enfants se manifeste souvent par la toux. Il en est de même chez les volailles d'autant plus que les vers se tiennent en général dans le gosier.

Traitement. — La toux qui est considérée souvent à tort comme incurable peut être traitée par les vermifuges; c'est ainsi qu'on donne parfois aux poules des décoctions de mousse de Corse ou d'herbe aux vers. Lorqu'on n'a pas cette attention en temps opportun l'animal périt presque toujours.

SORTIE DU RECTUM OU FONDEMENT

Cet accident peut se produire après la ponte ou à la suite d'une constipation prolongée.

Traitement. — Il faut laver la partie déplacée avec de l'eau de guimauve à laquelle il est bon d'ajouter un peu de laudanum s'il y a inflammation douloureuse. On fait ensuite rentrer doucement la partie déplacée puis on place la poule dans un lieu obscur ou elle puisse être tranquille et ne pas se percher. Comme nourriture un peu de grains et du son mouillé.

LE BLANC

Maladie particulièrement signalée par M. Jacques est également une affection vermineuse. C'est une espèce de

gale causée par les acares, qui apparaît d'abord aux pattes, à la crête, aux barbillons, aux joues, aux oreillons,
sous forme de plaques farineuses. Ces plaques s'étendent
et s'épaississent graduellement jusqu'à boucher tout le
conduit auditif, à former des croûtes aux caroncules, à
faire des bourrelets aux pattes et enfin à envahir totalement l'animal.

Traitement. — Aussitôt qu'on s'aperçoit de l'apparition
du blanc, il faut employer un remède certain, la pommade
soufrée formée de saindoux et de fleur de soufre. Si le
blanc est déjà invétéré et farineux, il sera bon de prendre
un instrument tranchant de gratter presque jusqu'au vif
et d'appliquer ensuite la pommade en couche épaisses.
Dans le cas où la maladie aurait envahi les parties cou-
vertes de plumes, il faudrait, appliquer la pommade avec
soin, en soulevant les plumes, de façon à graisser le mieux
possible.

A côté des maladies proprement dites, il convient de
citer le picage.

Cette affection n'attaque guère que les volailles enfermées à l'étroit ou mises en épinettes pour l'engrais; désœu-
vrement ou privation de nourriture animale — on ne sait
quelle est la cause du mal, mais les effets n'en sont que
trop certains.

Les volailles s'arrachent mutuellement les plumes, finissent par attaquer la chair et se creusent ainsi des plaies
mortelles. Nous avons même souvent remarqué qu'elles
sont si acharnées à cette besogne fratricide que, dévorées
elles-mêmes, elles continuent d'en dévorer une autre plutôt que de chercher à se défendre contre l'affection intéressée de leur voisine.

Au picage il n'y a qu'un seul remède, la liberté.

En résumé, les affections qui attaquent les volailles sont
facilement reconnaissables, mais leur guérison exige,

dans la pratique, des sacrifices peu proportionnés avec la valeur des animaux, lorsqu'il s'agit, bien entendu de volailles ordinaires. Il est évident qu'une poule ne peut comme un cheval, une vache ou un bœuf justifier la visite d'un vétérinaire ou l'achat de remèdes onéreux.

Mais cependant nous croyons qu'il ne faut pas d'un excès tomber dans un autre et qu'il est possible, dans bien des cas, de soigner les volailles avec succès et avec économie.

Comme bien d'autres éleveurs, nous avons essayé, avec plus ou moins de préférence, les poudres alimentaires diverses recommandées souvent comme des panacées universelles et qui, d'ailleurs, sont toujours fort utiles... à ceux qui les vendent.

Mais sans nous apesantir sur ces préparations — qui savent fort bien toutes seules se faire de la réclame et jouer agréablement de cet instrument que l'on nomme « le naïf » nous sommes bien aises de signaler un produit qui n'a été ni composé ni recommandé spécialement pour la volaille, mais qui peut, d'après nous, rendre les plus sérieux services dans l'élevage pratique. C'est une poudre nommée *poudre hygiénique Videlier*, du nom de son inventeur, pharmacien à Lons-le-Saulnier (Jura). Ce produit, qui est déjà paraît-il d'une très grande consommation dans la médecine vétérinaire, pour les grands animaux, a fait l'objet d'études scientifiques attentives car nous en trouvons trace dans les *Causeries de Médecine vétérinaire* de Bouché. Nous empruntons à cet ouvrage qui fait autorité en la matière quelques appréciations de nature à appuyer les indications que nous donnerons ensuite.

— ... La « Poudre hygiénique Videlier » est composée en proportions convenables et dont le dosage m'a paru être le résultat d'études physiologiques approfond ies, des éléments suivants :

D'abord deux composés minéraux : Le fer à l'état
d'oxyde et le sulfure d'antimoine. Ensuite un mélange
végétal comprenant, entre autres plantes de la gentiane et
du quinquina. Le rôle du fer est bien connu. Mais le fer et
ses composés sont, en général difficilement tolérés par
l'estomac des sujets malades chez lesquels il existe toujours
un peu d'anorexie.

Aussi, M. Videlier a-t-il pris soin de combiner l'oxyde
de fer à deux amers végétaux qui sont en même temps des
toni-apéritifs puissants, d'où il résulte que le fer intime-
ment mêlé aux aliments, se trouve absorbé et produit l'effet
désiré. Afin d'éviter la constipation généralement produite
par le fer on a eu soin, dans la composition de la Poudre
hygiénique Videlier, de lui adjoindre le sulfure d'antimoine qui combat, de plus, les engorgements glandulaires
et bronchiques. Cette poudre est également anti-parasi-
taire et microbicide...

— Voilà, dira-t-on bien de la science pour des poules.—
N'aurions-nous conseillé de si bien serrer les cordons de la
bourse afin de se défendre contre les marchands de machines, que pour les ouvrir tout grand dans la boutique du
pharmacien ?

A Dieu ne plaise. Mais s'il était prouvé par des exemples que la santé des volailles peut être, dans certains cas,
rétablie ou améliorée à peu de frais, il vaudrait la peine
de s'en être occupé. Or, si notre attention a été sollicitée
par la Poudre hygiénique Videlier, ce n'est pas assurément
parce qu'en dit, dans ses prospectus, l'honorable inventeur qui a assurément bien le droit, chez lui, de vanter sa
marchandise.

Mais, nous avons noté une coïncidence intéressante
entre les propriétés de la poudre Videlier, et les remarques
faites par plusieurs des auteurs qui ont traité la science
avicole avec une compétence reconnue.

Dans M. Jacques, nous voyons que le soufre est recom-

mandé pour les affections vermineuses et particulièrement pour la maladie du Blanc.

D'après madame Millet Robinet, la toux, maladie également vermineuse, peut être utilement traitée par des vermifuges, c'est-à-dire par des médicaments anti-parasitaires à différents degrés de puissance.

D'autre part, enfin, M. Lemoine écrit qu'il donne aux poussins, pour leur faciliter la transition critique de la prise de plumes, du sulfate de fer et de la poudre de quinquina. On objectera que M. Lemoine n'élève que des reproducteurs qui atteignent individuellement des prix élevés et qu'il peut, par conséquent, faire quelques sacrifices pour leur santé — mais la considération d'économie n'a ici qu'une importance apparente car la quantité de poudre à donner par tête de volaille est en résumé très faible.

De ces remarques et d'expériences personnelles, il résulte que l'élevage des volailles, assez mal pourvu jusqu'à présent contre tous les dangers qui menacent ses intérêts, pourrait trouver dans la Poudre hygiénique Videlier, un précieux auxiliaire.

Nous en conseillons l'expérimentation spécialement dans les cas suivants :

COMME REMÈDE

Dans la toux — dans toutes les maladies parasitaires — dans le mal de croupion, afin de soutenir l'énergie du sujet — dans la pépie, ou chancre aphtheux, pour la même cause.

COMME FORTIFIANT

Aux poussins. — On en mélangera dans la proportion d'un gramme par tête et par repas, aux patées. Surtout pour l'élevage artificiel nous sommes convaincus que cette pratique donnera d'excellents résultats. Nous avons mis plusieurs fois à ce régime des poussins malingres, des tards-venus et nous n'hésitons pas à attribuer leur réussite à ce médicament alimentaire. Si M. Lemoine donne avec succès de la poudre de quinquina et de la poudre de fer à ses petits élèves, à plus forte raison un médicament combiné comme la poudre Videlier doit-il avoir d'heureux effets.

Aux reproducteurs. — Dans le chapitre que nous avons consacré aux croisements, à l'amélioration des races, nous disions qu'il importait de préparer les poules par des soins et une alimentation de choix, à recevoir l'infusion de sang supérieur absolument comme on soigne d'autant plus une terre qu'elle est destinée à recevoir une semence plus précieuse. Etant donnée cette vérité indiscutable, nous conseillons l'emploi de la Poudre hygiénique Videlier pendant cette période de préparation.

Telle est d'ailleurs l'opinion de Bouché dans l'ouvrage duquel nous trouvons une attestation intéressante de l'influence fortifiante exercée par la Poudre hygiénique sur des volailles affaiblies. Il s'agit d'expériences faites à l'Ecole d'Agriculture de Saint-Remy (Haute-Saône) pendant l'année 1886. M. Cordier, l'agronome distingué qui dirige cet établissement et dont l'opinion fait assurément autorité, écrit : Les effets de la Poudre hygiénique Videlier ont été surprenants sur des poules cachectiques. En quelques jours, la maladie qui avait déjà fait de nombreuses victimes disparaissait complètement.

CHAPITRE V

DES PRODUITS

Les développements que nous avons donnés aux précédents chapitres nous ont entraîné, en quelque sorte à empiéter sur le domaine de celui-ci. Nous éviterons donc des répétitions inutiles en nous bornant à quelques conseils sur l'engraissement, le sacrifice et le commerce de la volaille.

Les volailles grasses des races françaises sont extrêmement appréciées.

Elles jouissent d'une gloire véritablement internationale.

Rappelons les principaux procédés d'engraissement qui sont pratiqués dans les régions spécialement renommées ; nous aurons toute facilité pour en déduire une ligne de conduite rationnelle dans la mise en chair économique et productive des volailles communes de boucherie, celles qui intéressent tout le monde parce qu'elles sont accessibles à chacun.

RACE DE LA FLÈCHE. — POULARDES DU MANS

C'est dans l'arrondissement de la Flèche que se fabriquent, en quelque sorte, les poulardes du Mans.

Le chef-lieu du département a absorbé la gloire qui aurait dû en bonne justice appartenir au chef-lieu d'arrondissement !

L'eau va toujours à la rivière !

Ce sont les communes de Mezeray, Malicorne, Arthézé, Courcelles, Bousse, Vilaine, Crosnière, Vercon, Bailleul, Saint-Germain-du-Val, Sainte-Colombe, La Flèche, Cré-sur-Loir et Bazouges qui produisent principalement les poulardes.

Les *poulaillers*, ainsi que l'on nomme les personnes qui s'adonnent à cette industrie font choix des poulettes ou des coqs vierges, et forment ainsi des collections dont l'importance varie entre cinquante et cent sujets.

Pour les loger on construit sur tout le pourtour d'une chambre sèche mais pas trop éclairée, des petites logettes en bois assez grandes pour contenir six poules qui sans être serrées, seront cependant assez à l'étroit pour ne pas pouvoir circuler.

Pendant les huit premiers jours de cette claustration, on a soin de ne donner que très peu de jour dans la pièce et l'on distribue aux volailles une pâtée délayée, un peu épaisse et mélangée à environ un tiers de son.

Mais, de plus, on les laisse boire et on leur permet de manger à volonté.

Au bout de huit jours la période préparatoire est terminée et l'alimentation forcée doit commencer. Voici comment elle se pratique.

Les pâtons, ou boulettes sont formés avec une farine contenant moitié de son volume en blé ; un tiers en orge et un sixième d'avoine, le tout détrempé dans du lait ; lorsque la pâte est suffisamment consistante on la roule en forme d'olives d'une longueur de 0,06 et d'un diamètre de quinze millimètres.

La provision préparée, le poulailler prend les volailles tour à tour et leur enfonce le pâton dans le bec.

Il est nécessaire de graduer la quantité de nourriture distribuée sans quoi on risquerait de compromettre la santé des volailles sans aucun profit pour leur engraissement.

Dans les premiers repas on ne donne que peu de pâtons mais on augmente progressivement la quantité jusqu'à une quinzaine pour chaque volaille.

La durée de l'engraissement n'est pas fixée. Au bout de six semaines certaines poulardes ou certains coqs sont gras, tandis que d'autres mettent deux mois à accomplir la même besogne. Il en est aussi qui arrivés à une certaine période d'engraissage cessent de profiter ; il faut interrompre le traitement et les livrer à la consommation.

Voici comment M. Letrône qui a étudié de très près les procédés des poulaillers manceaux et fléchois, résume ses observations.

Pour obtenir de bons résultats en engraissant les volailles de la Flèche, il faut :

1° Choisir l'espèce la plus belle parmi les jeunes coqs et les poulettes nées dans l'année.

2° Ne leur faire subir aucune mutilation comme cela se pratique pour les chapons et même pour les poules que l'on engraisse ailleurs.

3° Préparer un local obscur, ou l'air soit le moins renouvelé et où les poules soient parquées dans des loges étroites sans y être trop gênées.

4° Ne pas enlever le fumier pendant toute la durée de l'engraissement.

5° Préparer les poules à la nourriture forcée pendant huit à dix jours avant le régime des pâtons.

6° Pratiquer avec adresse et promptitude en leur faisant avaler ces pâtons.

7° Donner deux repas dans les vingt-quatre heures et à des heures régulières.

8° Ne pas tenir à leur faire avaler un nombre égal de pâtons ; s'en tenir pour cela à l'examen de la capacité de la poche qui, dans les premiers jours doit être modérément garnie et plus tard complètement, mais sans excès.

9° S'en tenir à la seule nourriture indiquée sans y apporter le moindre changement.

10° Savoir discerner le point de maturité de l'engraissement et surveiller celles des volailles qui doivent être retirées avant ce terme lorsqu'elles menacent de dépérir.

Tel est le système de l'empatement auquel sont dues les poulardes du Mans.

A côté de ce système prend place le procédé de l'entonnage qui tend même à se généraliser en raison de sa commodité.

De la pâte liquide composée de farine d'orge tamisée mélangée avec de l'eau et du lait forme une bouillie dense que l'on verse dans l'estomac des poules au moyen d'un entonnoir en fer blanc. L'ouverture supérieure de l'entonnoir a 0.10 de large et la profondeur est de 0.06. La longueur du tuyau atteint 0.09. Le bout inférieur du tuyau doit avoir un diamètre de 0.015 afin de pouvoir entrer facilement dans le gosier des animaux. Ce bout est coupé en diagonale et terminé par un rebord en forme de bourrelet afin de ne causer au passage ni blessure ni douleur.

Le procédé de l'entonnage demande une certaine habitude mais, aussitôt qu'on a acquis le tour de main nécessaire, ses avantages demeurent évidents.

Les volailles qui y sont soumises doivent d'ailleurs être logées de la façon que nous avons indiquée, en décrivant le procédé de l'empatement.

Ces deux modes sont employés, avec quelques variantes pour la mise à la graisse de toutes les volailles et ils donnent l'un et l'autre des résultats excellents.

Mais, dans les poulaillers bourgeois est-il bien utile de

sequestrer ainsi les animaux et trouve-t-on en définitive pour la table la compensation des soins que nous venons de décrire soins faciles à donner en théorie, mais qui, dans a pratique, appliqués à un certain nombre de volailles, nécessitent encore un certain temps.

Nous n'en sommes pas bien convaincus.

Aussi, pour ceux de nos lecteurs qui désirent seulement approvisionner leur table de poulets bien en chair, conseillerons-nous avant tout de nourrir constamment avec abondance. Puis, une quinzaine de jours avant le moment du sacrifice, on placera les volailles dans des épinettes qu'il est facile de fabriquer à très peu de frais et, sans empatement ni entonnage, on tiendra en permanence à leur disposition des aliments qui seront variés afin d'exciter sans cesse la gourmandise des convives. Les épinettes seront placées dans une pièce à demi obscure et éloignée de toute cause de bruit ou de trouble. — Au bout d'une quinzaine de jours, si vous avez fait choix de sujets bien disposés vous aurez à votre disposition — non pas des monstres — meilleurs souvent à l'œil qu'à l'estomac, mais de belles pièces, onctueuses et succulentes qui vous feront honneur et plaisir.

Pour achever ce modeste ouvrage, nous n'avons que peu de mots à ajouter.

Ils ont trait au sacrifice de la volaille et à la conservation des œufs.

Pour tuer les volailles convenablement, il faut obéir à la fois aux préceptes humanitaires qui prescrivent de ne pas les faire souffrir et aux inspirations commerciales et intéressées qui conseillent de ne pas les abîmer.

Nous choisirons donc les instruments très tranchants ou très aigus, afin de faire vite et bien et nous observerons les précautions que résume ainsi Madame Millet-Robinet.

« On ne doit jamais tuer une volaille que lorsque la digestion est complètement achevée. Le matin sera donc choisi de préférence... On peut tuer les volailles soit en coupant la jugulaire dans le bec avec des ciseaux, soit en tranchant la gorge, soit, s'il s'agit de poulardes en introduisant par le bec jusqu'à la cervelle un couteau très pointu.

Dans un cas comme dans l'autre, il faut, après l'incision, tenir la bête la tête en bas jusqu'à l'écoulement complet du sang ce qui assure la blancheur de la chair.

Dès que la volaille aura cessé de saigner, il est bien d'extraire les intestins, surtout si la température est chaude afin d'assurer la bonne conservation.

Il peut être également utile, en été, pour les volailles de choix destinées à être emballées presque aussitôt après la mort, de les plonger dans un bain d'eau froide jusqu'à complet refroidissement.

La conservation des œufs s'effectue par différents procédés.

Citons les principaux :

Plonger les œufs dans l'eau de chaux ; les maintenir dans de l'eau saturée de sel de cuisine.

Faire cuire les œufs dans l'eau bouillante, le jour même de la ponte, soit en leur donnant le degré de cuisson des œufs à la coque, si on désire que l'œuf reste utilisable dans différents usages de la cuisine, soit en les laissant durcir.

On peut également enfermer les œufs dans des caisses ou tonneaux hermétiquement clos, en les séparant au moyen de couches de sel gemme.

Ces différentes pratiques, bien appliquées, produisent des résultats assez satisfaisants. Mais à ceux qui nous auront suivis jusqu'à ces dernières lignes, nous donnerons comme récompense un bon conseil.

« Mangez des œufs frais. »

Cela vous sera facile si vous êtes du membre des heureux qui ont un coin de terre ou voir picorer leurs cocottes et surtout si vous vous inspirez religieusement de ce livre de « Coqs et Poules », ce qui est sans contredit — d'après l'auteur — le commencement et la fin de toute sagesse avicole.

4898. — Abbeville, typ. et stér. A. Retaux. — 1889.

TABLE DES MATIÈRES

4893. — ABBEVILLE TYP. ET STÉR. A. RETAUX. — 1889